사고력이 가득한 퍼즐 팩토리

맛있는

# 퍼팩 연산

## 10까지의 수의 뺄셈

## 수학의 언어, **수와 연산!**

수와 연산은 수학 학습의 첫 걸음이며 가장 기본이 되는 영역입니다.
모든 수학의 영역에서 수와 연산은 개념을 표현하는 도구 뿐만이 아닌, 문제 해결의 도구이기도 합니다. 따라서 수학의 언어라고 할 수 있습니다.
언어를 제대로 구사하지 못한다면 생각을 제대로 표현하지 못하고, 의사소통과 상호작용에 문제가 생기게 됩니다. 수학의 언어도 이와 마찬가지로 연산의 기본이 제대로 훈련되지 않으면 정확하게 개념을 이해하기 힘들고, 문제 해결이 어려워지므로 더 높은 단계의 개념과 수학의 다양한 영역으로의 확장에 걸림돌이 될 수 밖에 없습니다.
연산은 간단하고 가볍게 여겨질 수 있지만 앞으로 한 걸음씩 나아가는 발걸음에 큰 영향을 줄 수 있음을 꼭 기억해야 합니다.

## 피할 수 없다면, **재미있는 반복을!**

유아에서 초등 저학년의 아이들이 집중할 수 있는 시간은 길지 않고, 새로운 자극에 예민하며 호기심은 높습니다. 하지만 연산 학습에서 피할 수 없는 부분은 반복 훈련입니다. 꾸준한 반복 훈련으로 아이들의 뇌에 연산의 원리들이 체계적으로 자리를 잡으며 차근차근 다음 단계로 올라가는 것을 목표로 해야 하기 때문입니다.
따라서 피할 수 없다면 재미있는 반복을 통하여 즐거운 연산 훈련을 하도록 해야 합니다. 구체적인 상황과 예시, 다양한 방법을 통한 반복적인 연습을 통하여 기본기를 다지며 연산 원리를 적용할 수 있는 능력을 키울 수 있습니다.
상상만으로 암기하고, 기계적인 반복으로 주입하는 방식으로는 더이상 기본기를 탄탄히 다질 수 없습니다.

# 왜? 맛있는 퍼팩 연산이어야 할까요!

## 확실한 원리 학습

문제를 풀면서 희미하게 알게 되는 원리가 아닌, 주제별 원리를 정확하게 배우고, 따라하고, 확장하는 과정을 통해 자연스럽게 개념을 이해하고 스스로 문제를 해결할 수 있습니다.

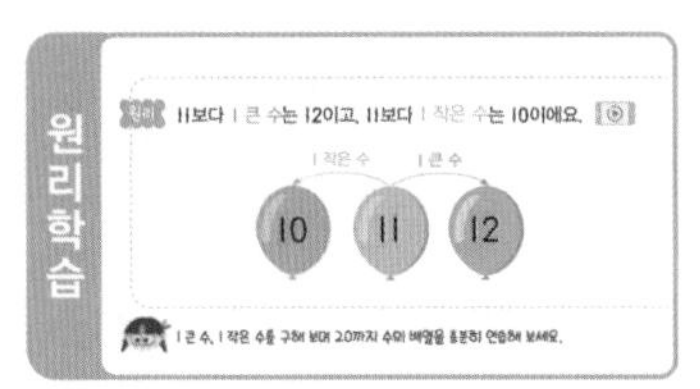


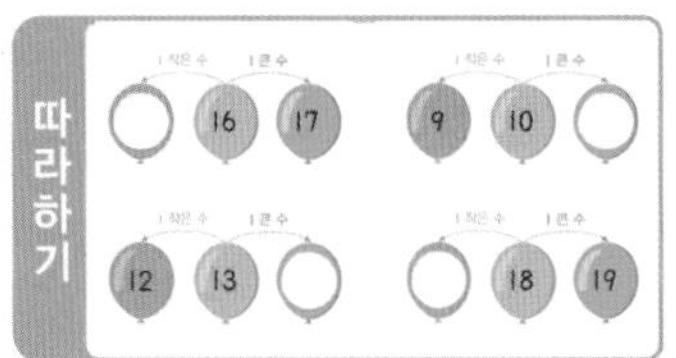


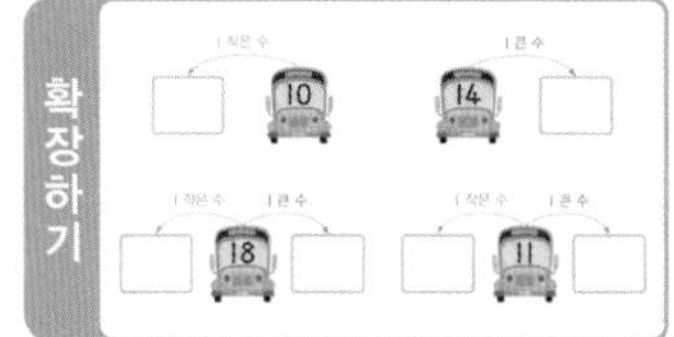


## 효과적인 반복 훈련의 구성

다양한 방법으로 충분히 원리를 이해한 후 재미있는 단계별 퍼즐을 스스로 해결함으로써 수학 학습에 대한 동기를 부여하여 규칙적으로 훈련하고자 하는 올바른 수학 학습 습관을 길러 줍니다.

**예시** **S단계 4권 _ 2주차 : 더하기 1, 빼기 1**

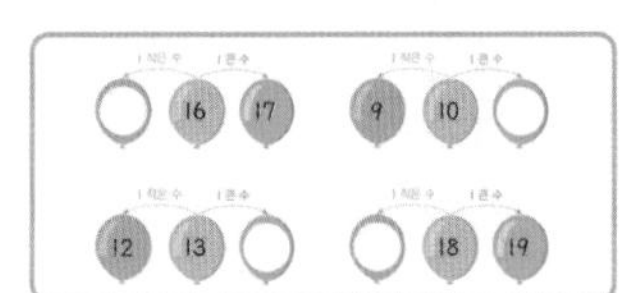
수의 순서를 이용하여
1 큰 수, 1 작은 수 구하기

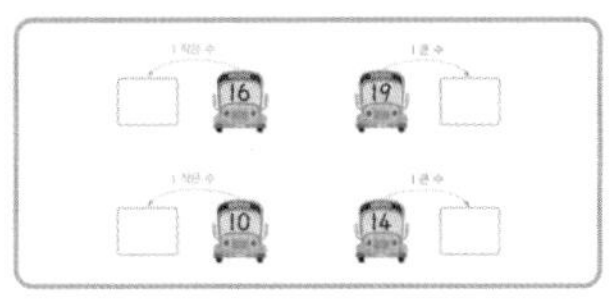
빈칸 채우기

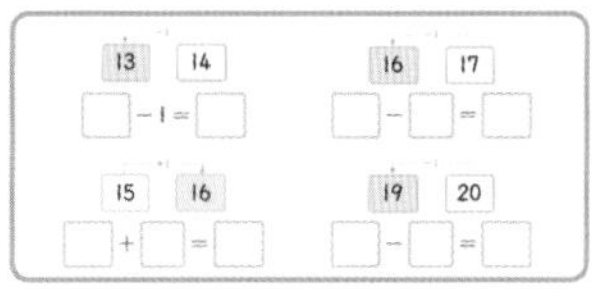
큰 수와 작은 수를 이용한
더하기, 빼기

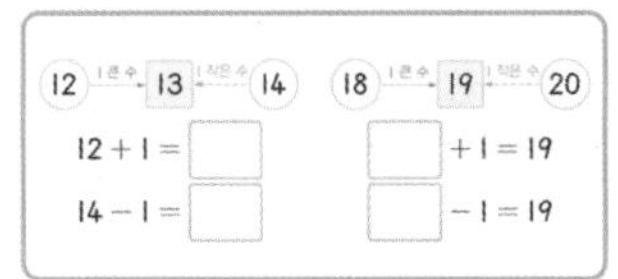
같은 수를 더하기와 빼기로 표현

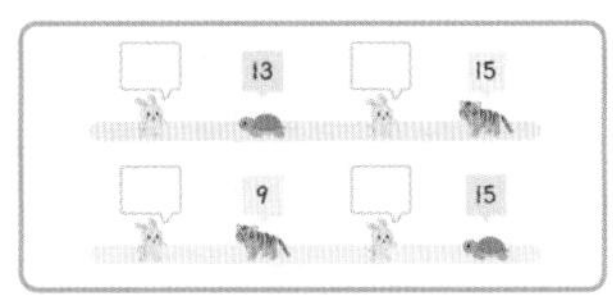
규칙을 이용하여 빈칸 채우기

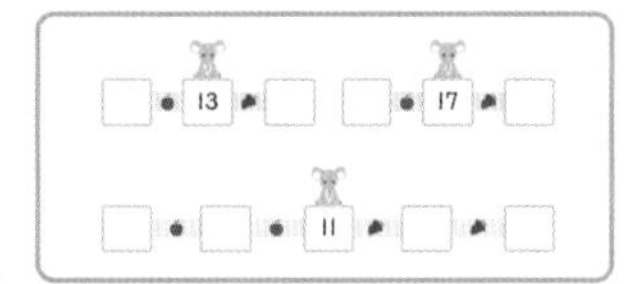
규칙을 이용하여 빈칸 채우기

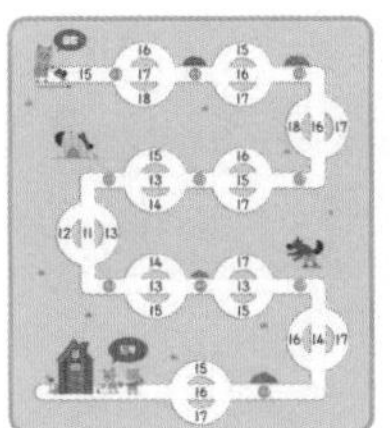
창의·융합 활동을 이용한
더하기, 빼기

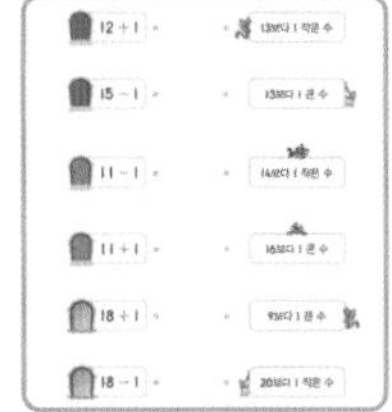
같은 계산 결과끼리
선 연결하기

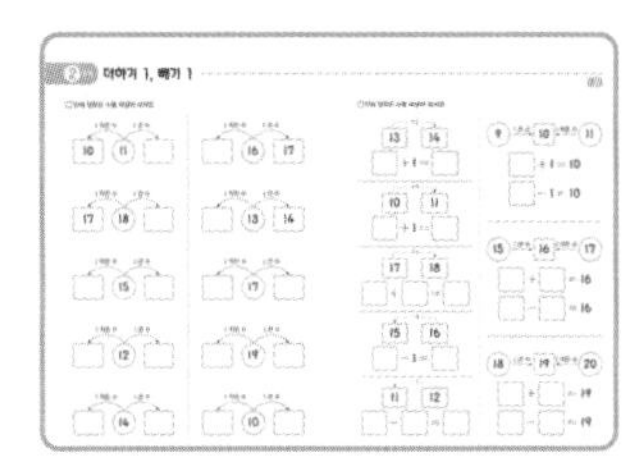
드릴 연산

한 주의 주제를 구체물, 그림, 퍼즐 연산, 수식 등의 다양한 방법을 통하여 즐겁게 반복합니다.
원리를 충분히 활용하여 재미있게 구성한 퍼즐 연산은 각 퍼즐마다 사고력의 단계를 천천히 높여가므로 탄탄한 계산력이 다져지는 것과 함께 사고력도 키울 수 있습니다.

# 구성과 특징

**본문** 주별 학습 주제에 맞춰 1~3일차에는 원리 이해와 충분한 연습을 하고,
4~5일차에는 흥미 가득한 퍼즐 연산으로 사고력까지 키워요.

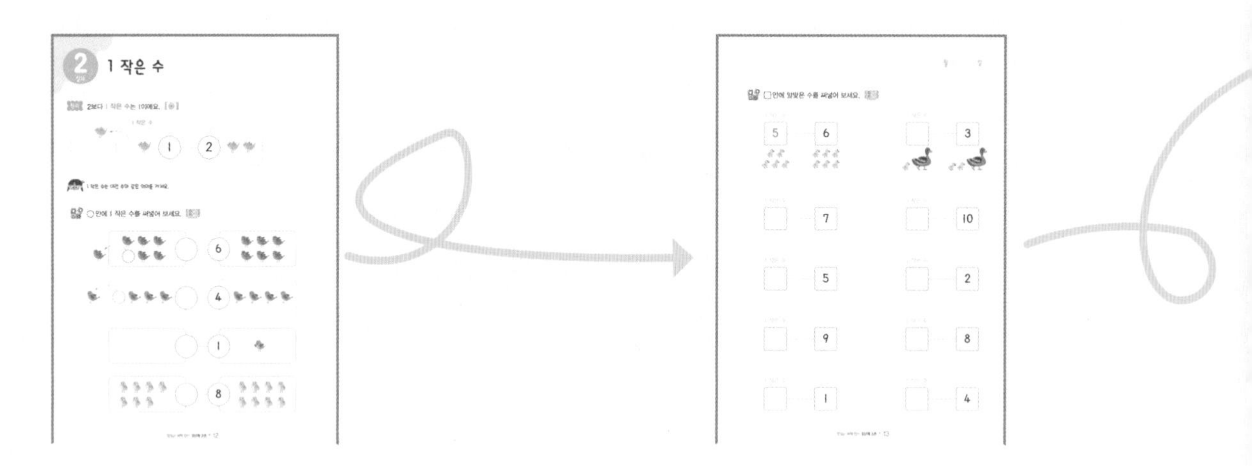

### 1 한눈에 쏙! 원리 연산

간결하고 쉽게 원리를 배우고
따라해 보면 쉽게 이해할 수 있어요.

### 2 이해 쑥쑥! 연산 연습

반복 연습을 통해 연산 원리에
대한 이해를 높일 수 있어요.

**부록**

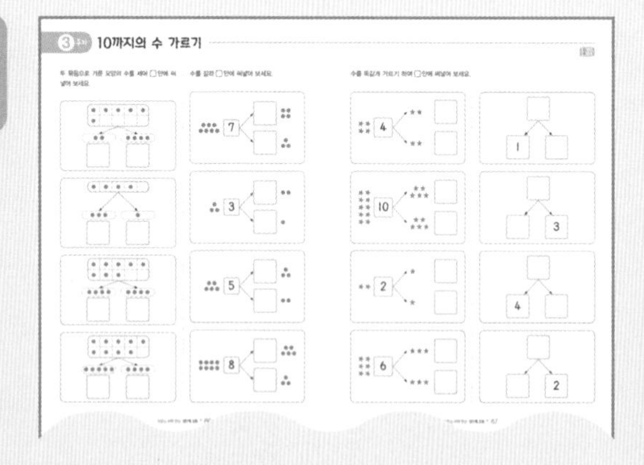


### 5 집중! 드릴 연산

주별 학습 주제를 복습할 수 있는 드릴 문제로
부족한 부분을 한 번 더 연습할 수 있어요.

**이렇게 활용해 보세요!**

● 하나

교재의 한 주차 내용을
학습한 후, 반복 학습용으로
활용합니다.

● ● 둘

교재의 모든 내용을
학습한 후, 복습용으로
활용합니다.

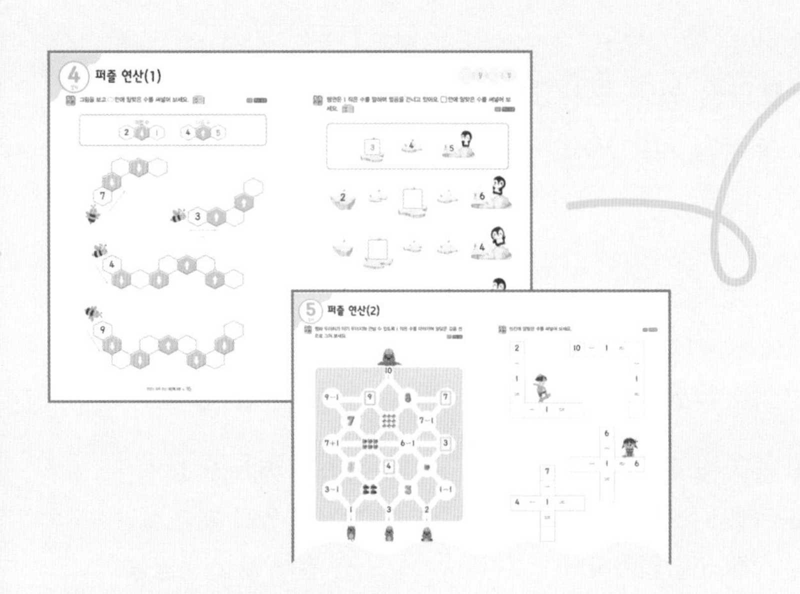

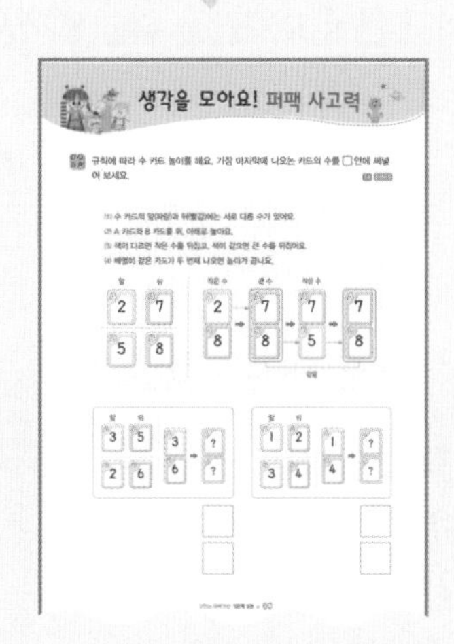

## 3 흥미 팡팡! 퍼즐 연산

다양한 형태의 문제를 재미있게 연습하며 원리를 적용하는 방법을 익히고 응용력을 키울 수 있어요.

* 퍼즐 연산의 각 문제에 표시된 추론, 문제해결, 의사소통, 정보처리, 창의·융합 은 초등수학 교과역량을 나타낸 것입니다.

## 4 생각을 모아요! 퍼팩 사고력

4주 동안 배운 내용을 활용하고 깊게 생각하는 문제를 통해서 성취감과 함께 한 단계 발전된 사고력을 키울 수 있어요.

**좀 더 자세히 알고 싶을 땐,**
**동영상 강의를 활용해 보세요!**

주차별 첫 페이지 상단의 QR코드를 스캔하면 무료 동영상 강의를 볼 수 있어요. 본문의 원리와 모든 문제를 알기 쉽고 친절하게 설명한 강의를 충분히 활용해 보세요.

# '맛있는 퍼팩 연산' APP 이렇게 이용해요.

## 1. 맛있는 퍼팩 연산 전용 앱으로 학습 효과를 높여 보세요.

맛있는 퍼팩 연산 교재만을 위한 앱에서 자동 채점, 보충 문제, 동영상 강의를 이용할 수 있습니다.

### 자동 채점

학습한 페이지를
핸드폰 또는 태블릿으로
촬영하면 자동으로
채점이 됩니다.

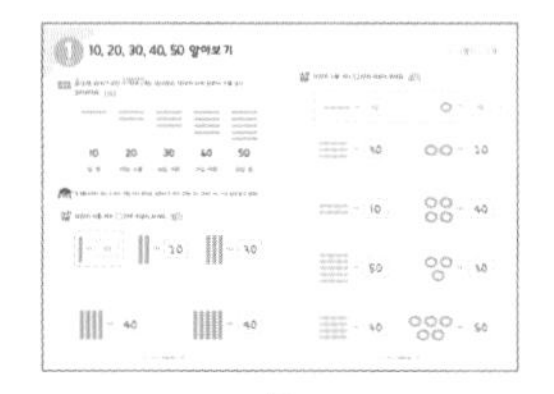

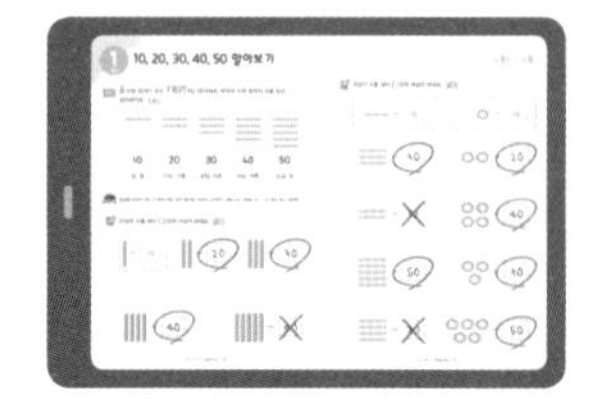

### 보충 문제

일차별 학습 완료 후
APP에서 보충 문제를 풀고,
정답을 입력하면
바로 채점 결과를
알 수 있습니다.

### 동영상 강의

좀 더 자세히 알고 싶은
내용은 원리 개념 설명
및 문제 풀이 동영상
강의를 통하여 완벽하게
이해할 수 있습니다.

## 2. 사용 방법

구글 플레이스토어에서 **'맛있는 퍼팩 연산'** 앱 다운로드

앱스토어에서 **'맛있는 퍼팩 연산'** 앱 다운로드

*** 앱 다운로드**

Android  iOS 

*** '맛있는 퍼팩 연산' 앱은 2022년 7월부터 체험이 가능합니다.**

# 맛있는 퍼팩 연산 | 단계별 커리큘럼

* 제시된 연령은 권장 연령이므로 학생의 학습 상황에 맞게 선택하여 사용할 수 있습니다.

## S단계 | 5~7세

| | | | |
|---|---|---|---|
| 1권 | 9까지의 수 | 4권 | 20까지의 수의 덧셈과 뺄셈 |
| 2권 | 10까지의 수의 덧셈 | 5권 | 30까지의 수의 덧셈과 뺄셈 |
| 3권 | 10까지의 수의 뺄셈 | 6권 | 40까지의 수의 덧셈과 뺄셈 |

## P단계 | 7세 · 초등 1학년

| | | | |
|---|---|---|---|
| 1권 | 50까지의 수 | 4권 | 뺄셈구구 |
| 2권 | 100까지의 수 | 5권 | 10의 덧셈과 뺄셈 |
| 3권 | 덧셈구구 | 6권 | 세 수의 덧셈과 뺄셈 |

## A단계 | 초등 1학년

| | | | |
|---|---|---|---|
| 1권 | 받아올림이 없는 (두 자리 수)+(두 자리 수) | 4권 | 받아올림과 받아내림 |
| 2권 | 받아내림이 없는 (두 자리 수)−(두 자리 수) | 5권 | 두 자리 수의 덧셈과 뺄셈 |
| 3권 | 두 자리 수의 덧셈과 뺄셈의 관계 | 6권 | 세 수의 덧셈과 뺄셈 |

## B단계 | 초등 2학년

| | | | |
|---|---|---|---|
| 1권 | 받아올림이 있는 두 자리 수의 덧셈 | 4권 | 세 자리 수의 뺄셈 |
| 2권 | 받아내림이 있는 두 자리 수의 뺄셈 | 5권 | 곱셈구구(1) |
| 3권 | 세 자리 수의 덧셈 | 6권 | 곱셈구구(2) |

## C단계 | 초등 3학년

| | | | |
|---|---|---|---|
| 1권 | (세 자리 수)×(한 자리 수) | 4권 | 나눗셈 |
| 2권 | (두 자리 수)×(두 자리 수) | 5권 | (두 자리 수)÷(한 자리 수) |
| 3권 | (세 자리 수)×(두 자리 수) | 6권 | (세 자리 수)÷(한 자리 수) |

차례
6

# 1주차 빼기 1

1주차에서는 수 배열의 성질을 이용하여 이전 수에 대해서 배웁니다.
또한, 1 작은 수를 빼기 1과 연결하여 뺄셈의 기초를 다질 수 있습니다.

1 일차

# 이전 수

원리 0부터 10까지의 수가 있어요. 한 칸 앞의 수를 이전 수라고 해요.

1 이전 수는 0이에요.

빈칸에 알맞은 수를 써넣어 보세요.

 달력의 숫자를 보고 빈칸에 이전 수를 써넣어 보세요. 

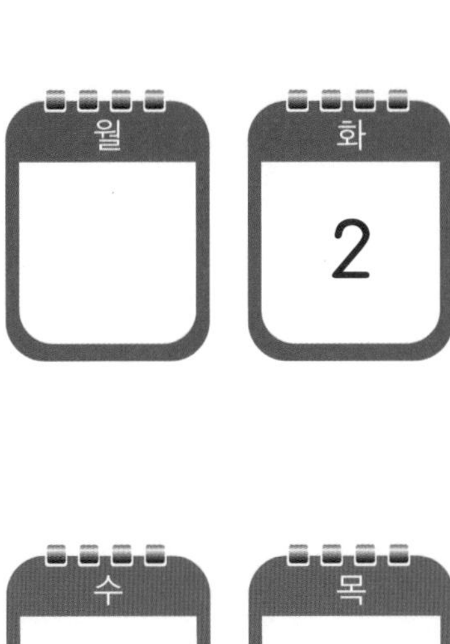

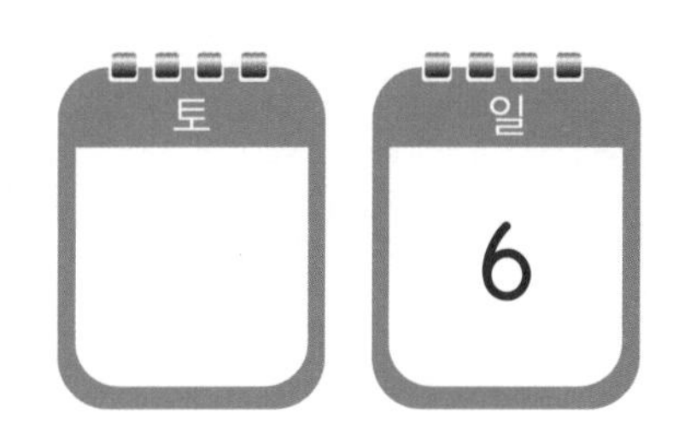


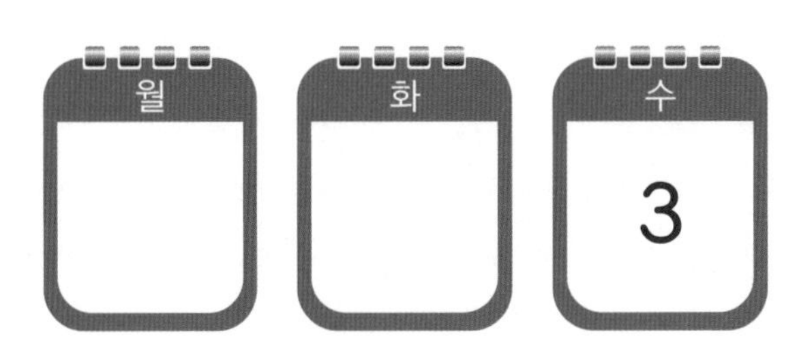


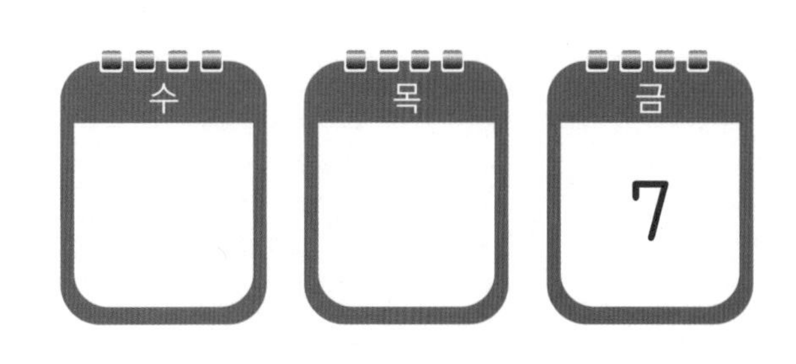


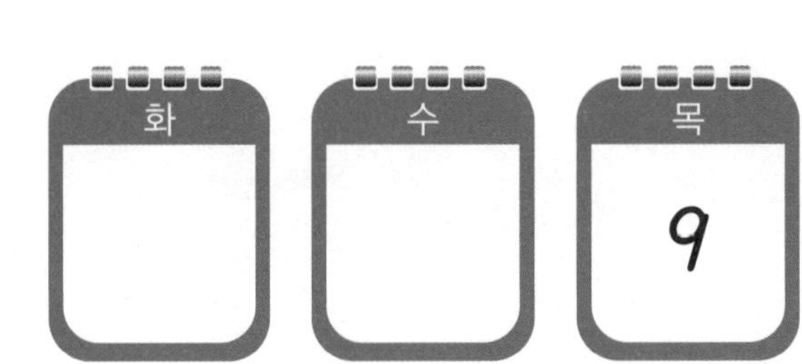

# 1 작은 수

2보다 1 작은 수는 1이에요.

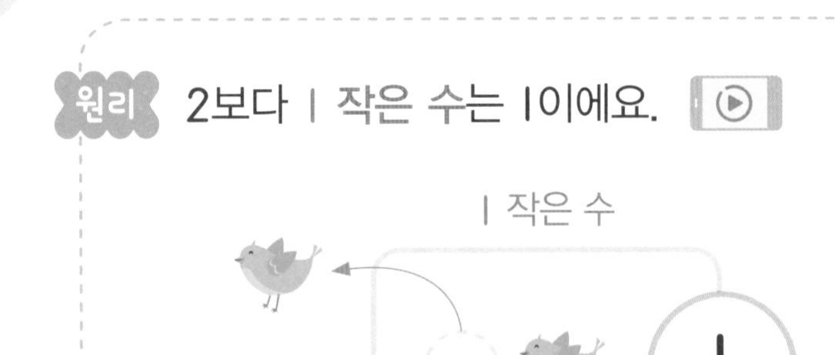


1 작은 수는 이전 수와 같은 의미를 가져요.

◯ 안에 1 작은 수를 써넣어 보세요.

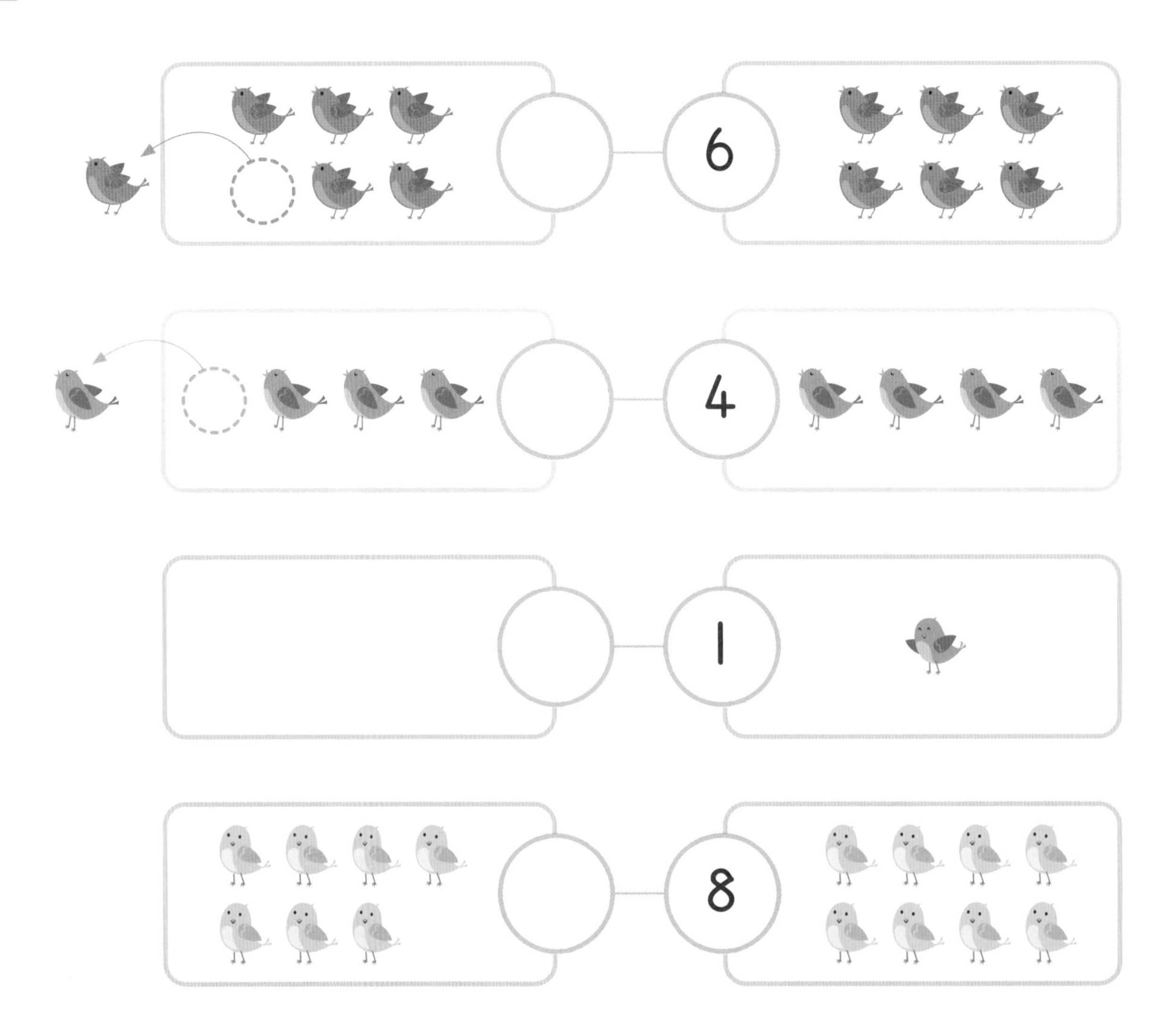

 □ 안에 알맞은 수를 써넣어 보세요. 

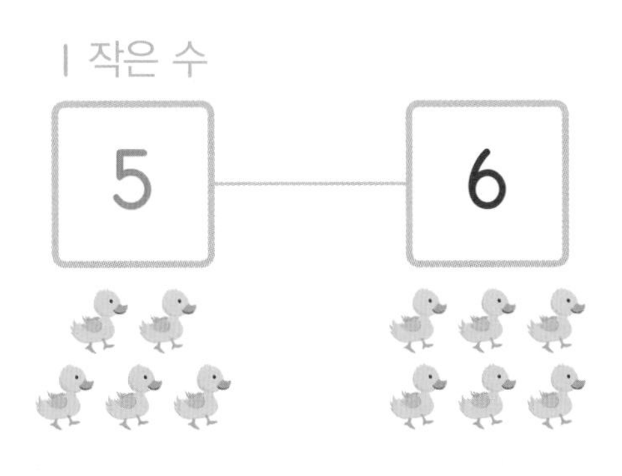


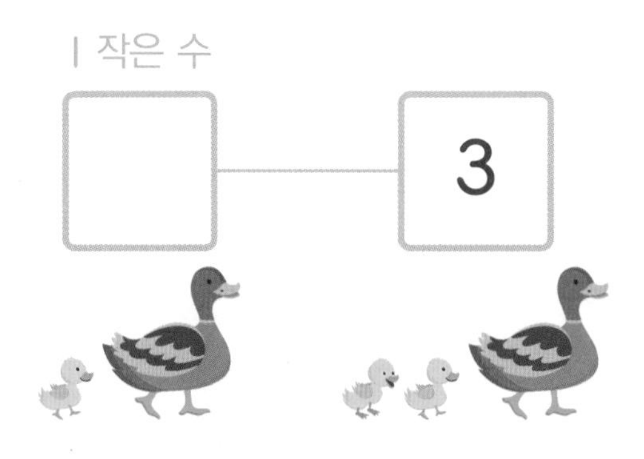


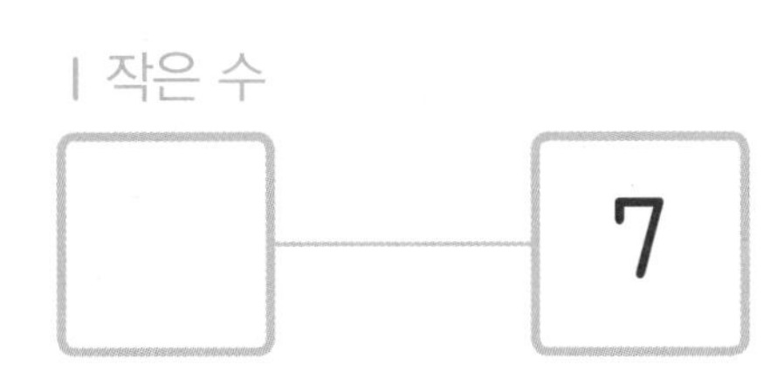


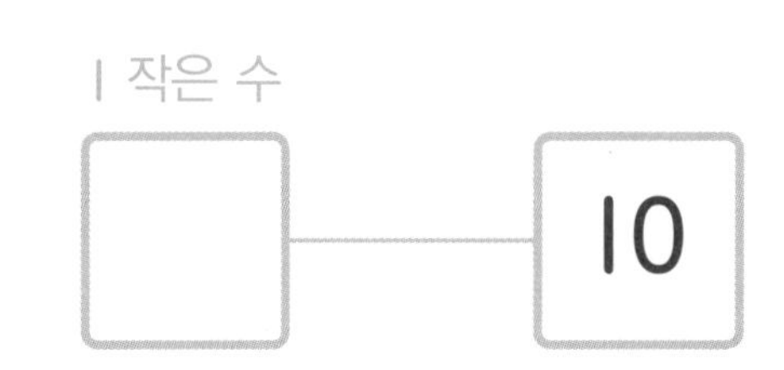


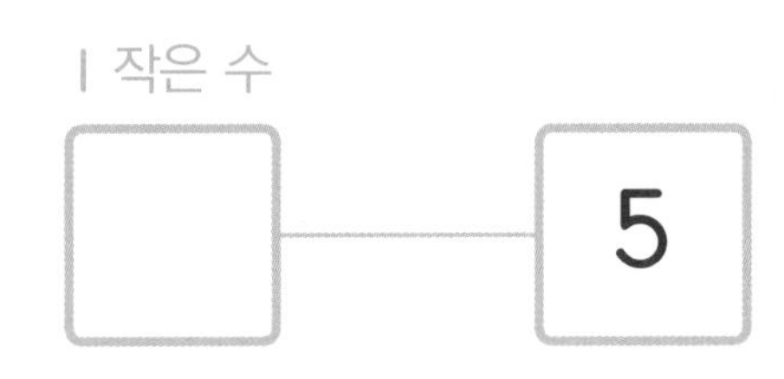


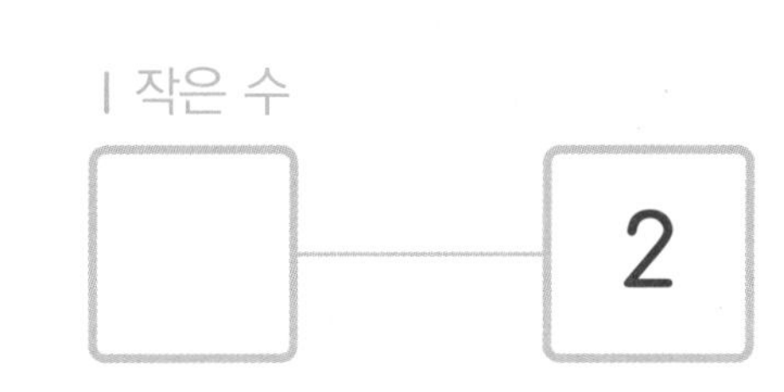


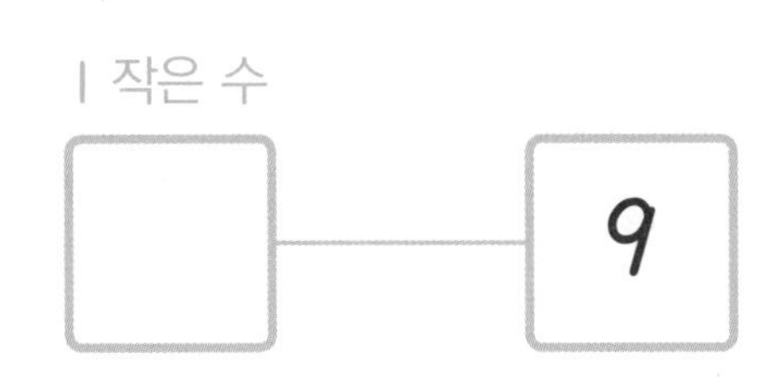


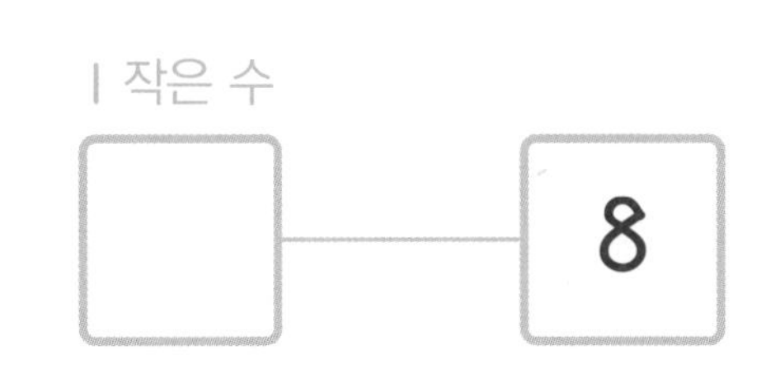


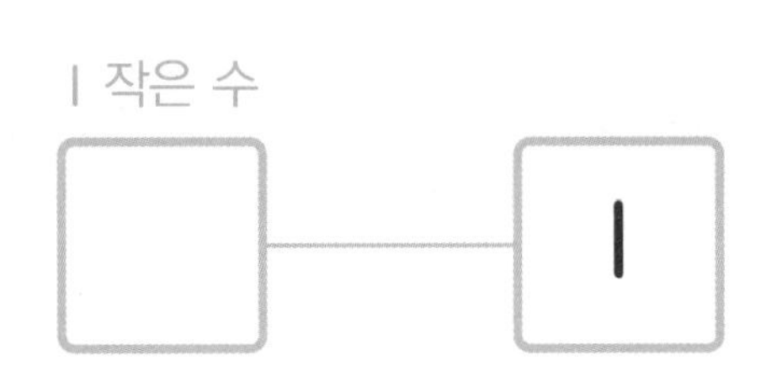


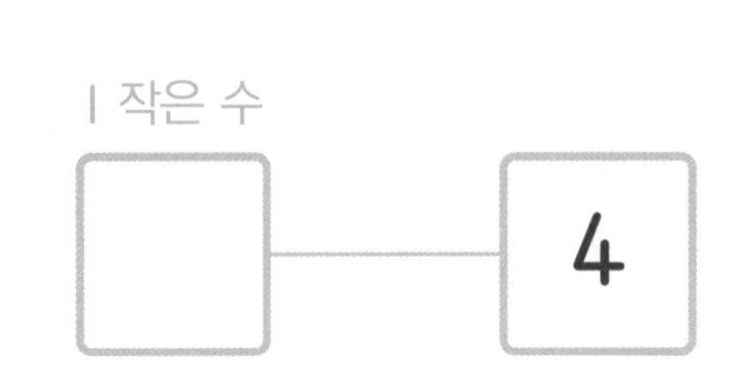

3 일차

# 빼기 1

원리 1 작은 수는 빼기 1로 나타낼 수 있어요.

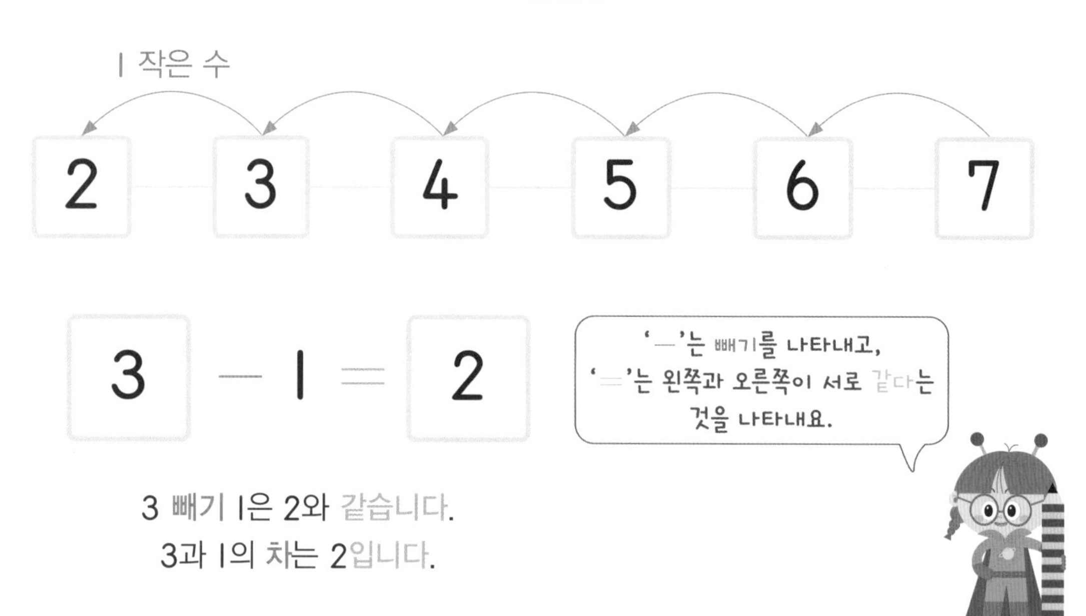


3 빼기 1은 2와 같습니다.
3과 1의 차는 2입니다.

1 작은 수가 빼기 1이 됨을 이해하면 이후에 거꾸로 여러 번 뛰어 세면 빼기 2, 3, 4, … 가 됨을 알 수 있어요.

□ 안에 알맞은 수를 써넣어 보세요.

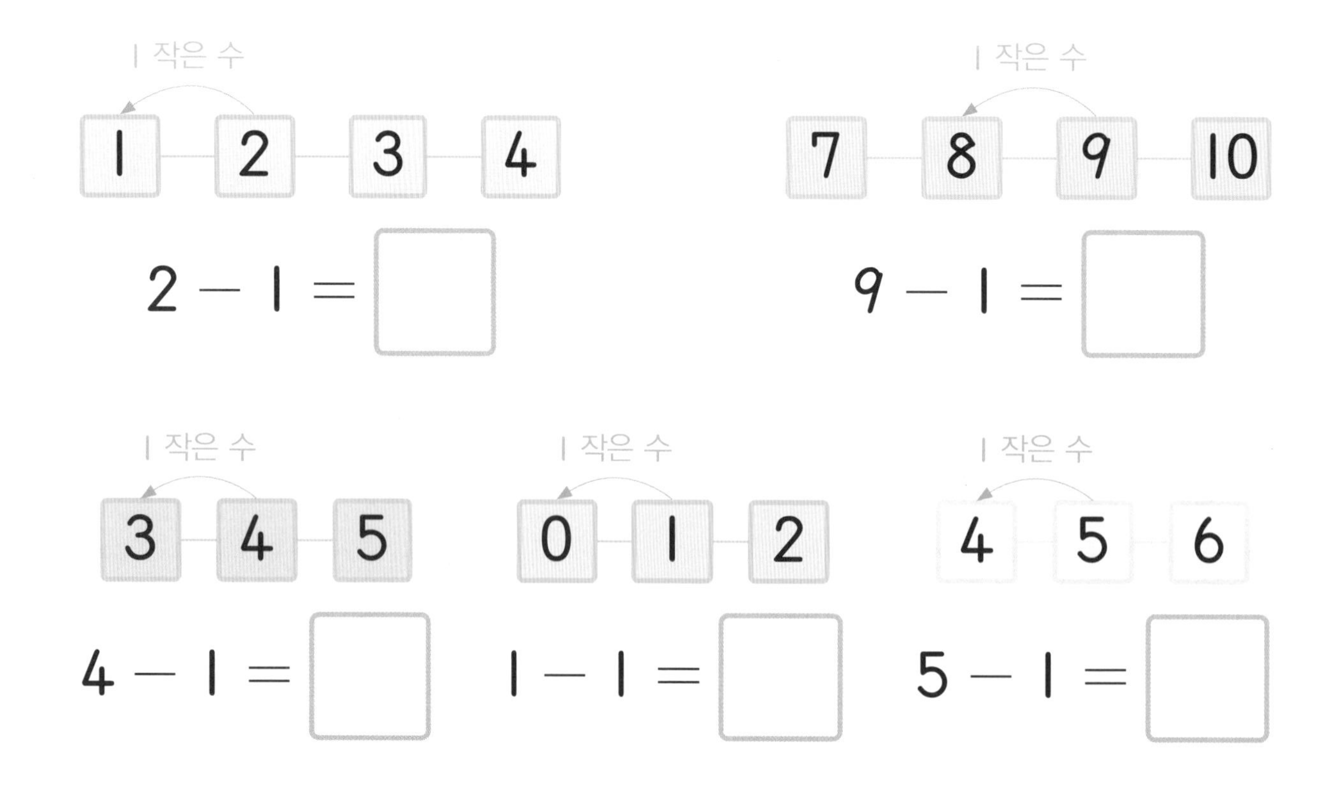

□ 안에 알맞은 수를 써넣어 보세요. 

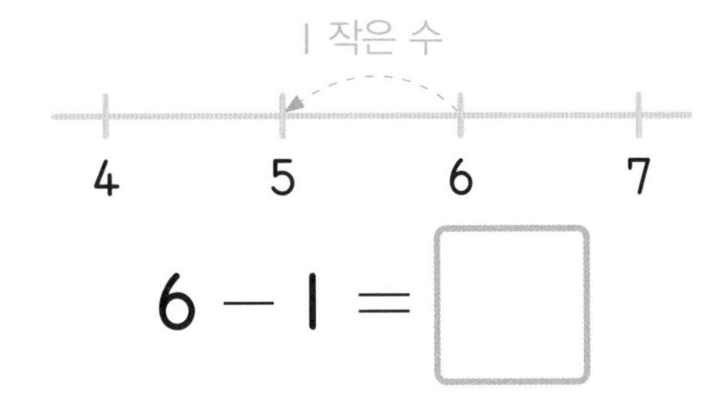


$6 - 1 = \square$

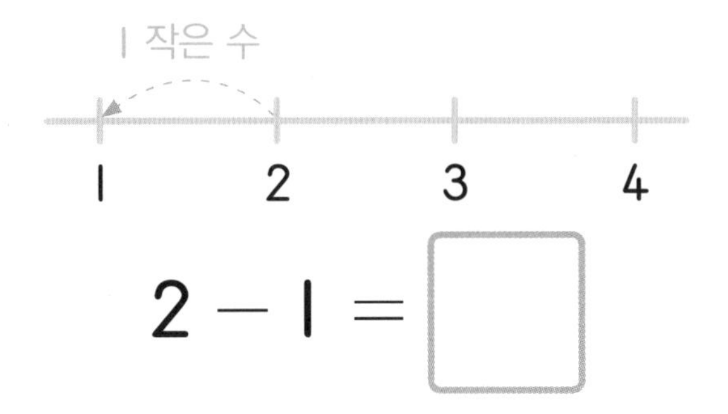


$2 - 1 = \square$

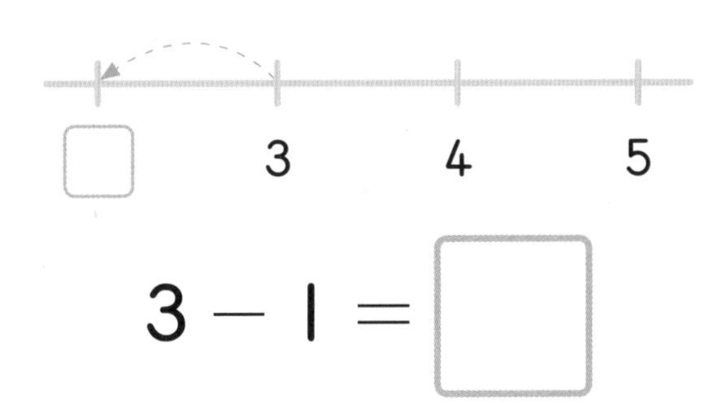


$3 - 1 = \square$

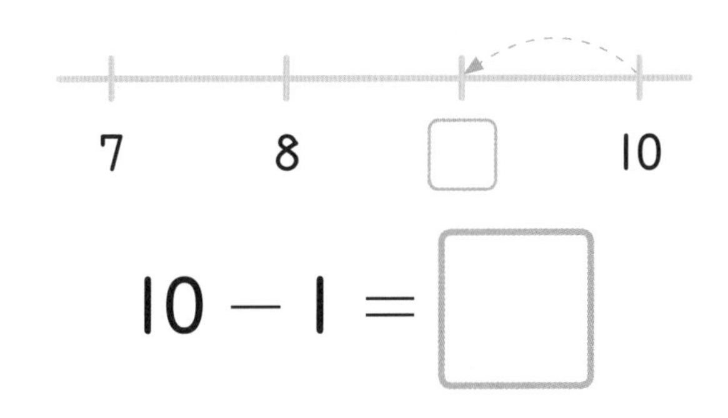


$10 - 1 = \square$

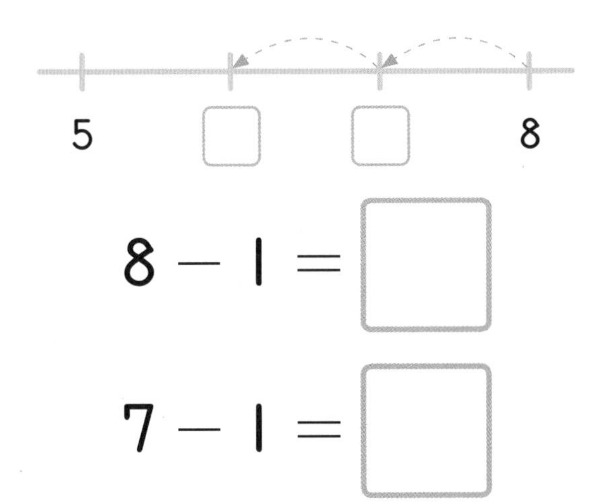


$8 - 1 = \square$

$7 - 1 = \square$

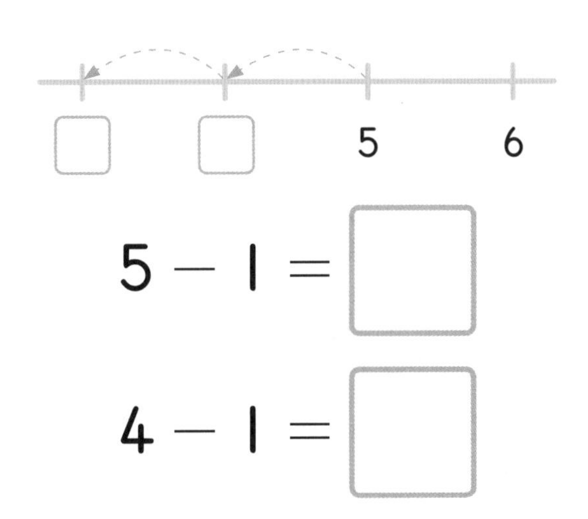


$5 - 1 = \square$

$4 - 1 = \square$

# 퍼즐 연산(1)

그림을 보고 ◯ 안에 알맞은 수를 써넣어 보세요. 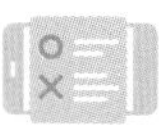

추론 창의·융합

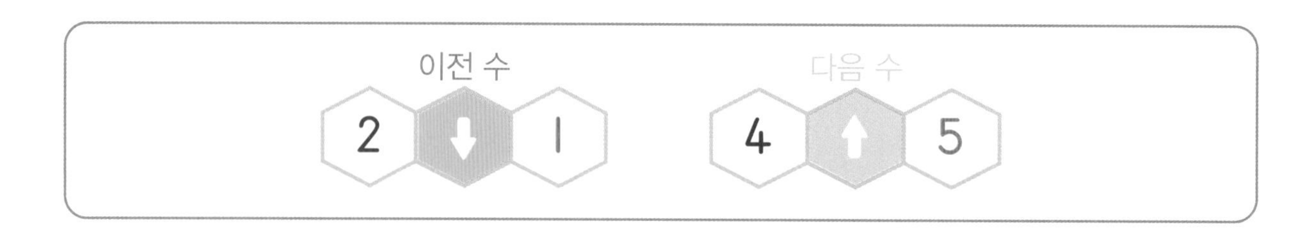


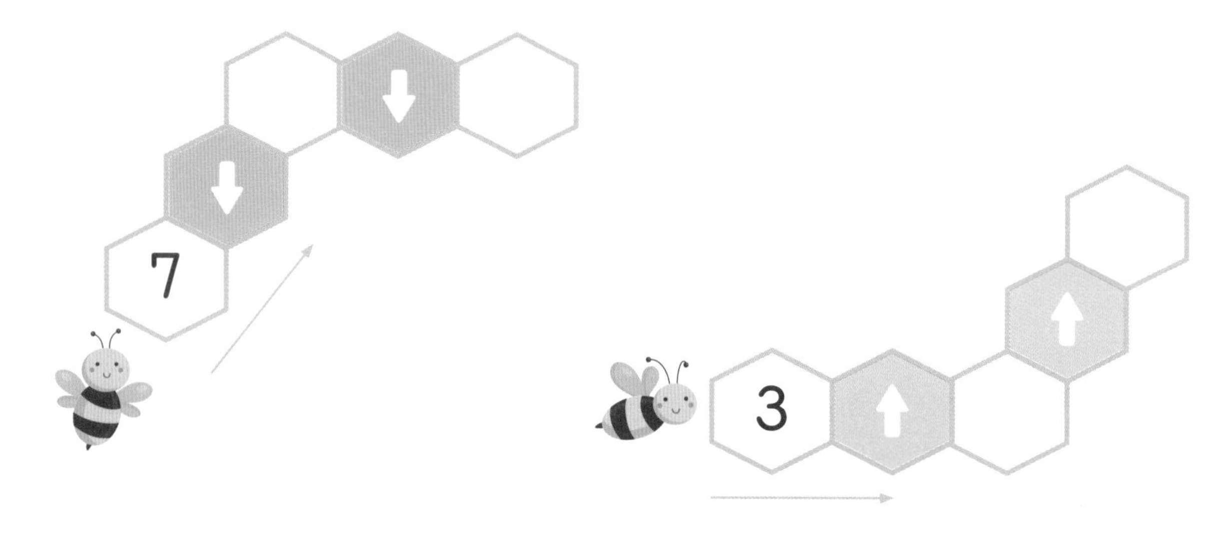

펭귄은 1 작은 수를 말하며 얼음을 건너고 있어요. □ 안에 알맞은 수를 써넣어 보세요.

추론 창의·융합

# 퍼즐 연산(2)

엄마 두더지가 아기 두더지와 만날 수 있도록 1 작은 수를 따라가며 알맞은 길을 선으로 그어 보세요.

추론 창의·융합

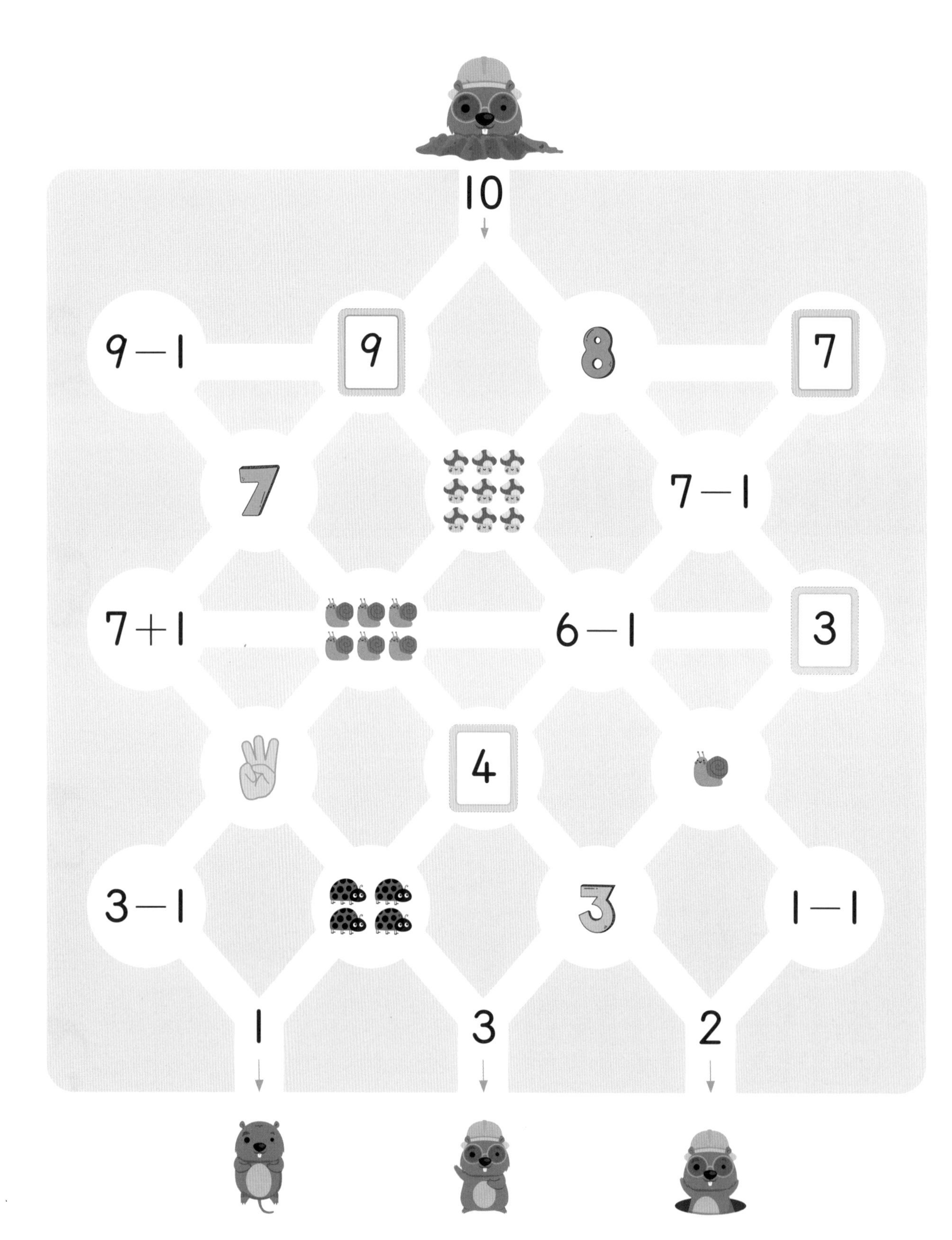

빈칸에 알맞은 수를 써넣어 보세요.

추론 문제해결

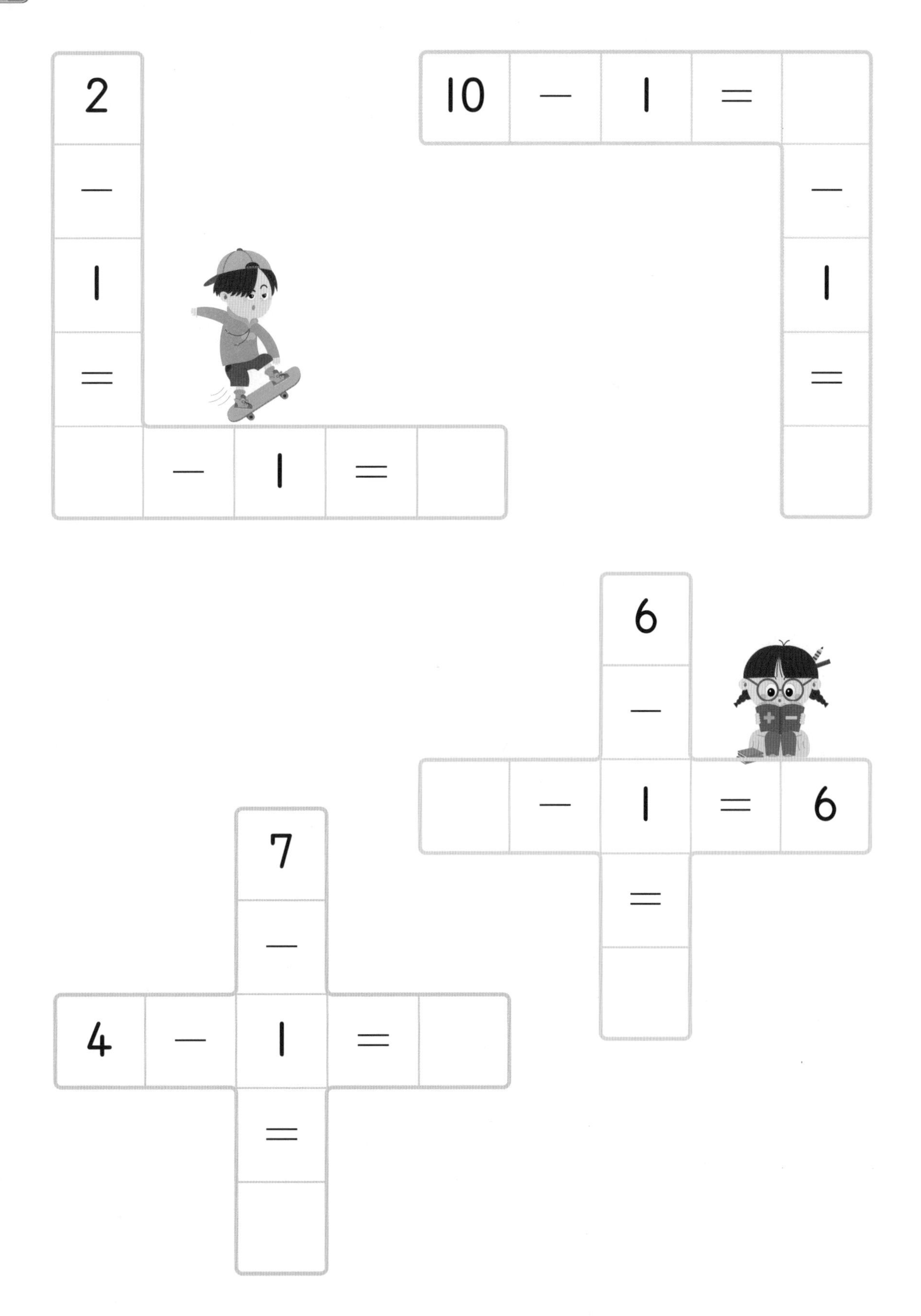

나비가 1 작은 수를 따라가도록 알맞게 선을 그어 보세요. 추론 문제해결

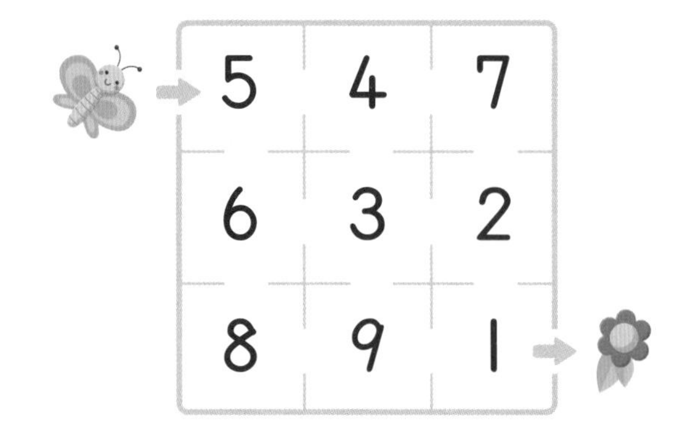


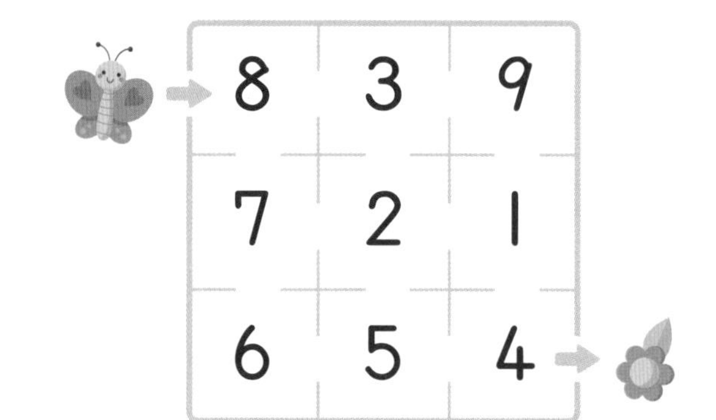


| 7 | 8 | 5 | 6 |
|---|---|---|---|
| 6 | 5 | 4 | 3 |
| 4 | 9 | 7 | 2 |
| 8 | 2 | 3 | 1 |

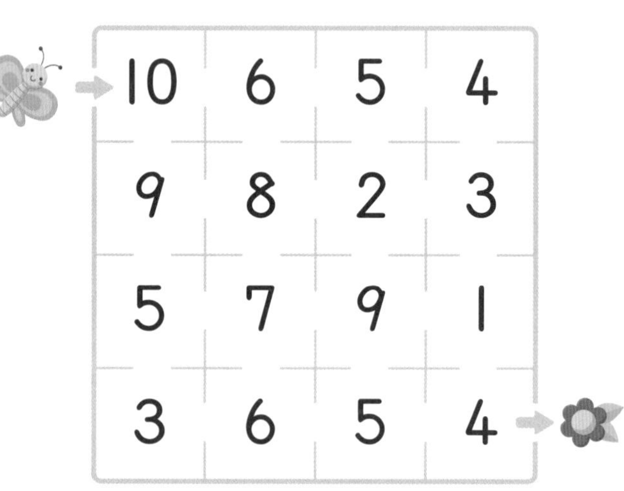


| 9 | 7 | 6 | 5 |
|---|---|---|---|
| 8 | 4 | 2 | 1 |
| 7 | 6 | 5 | 4 |
| 8 | 9 | 0 | 3 |

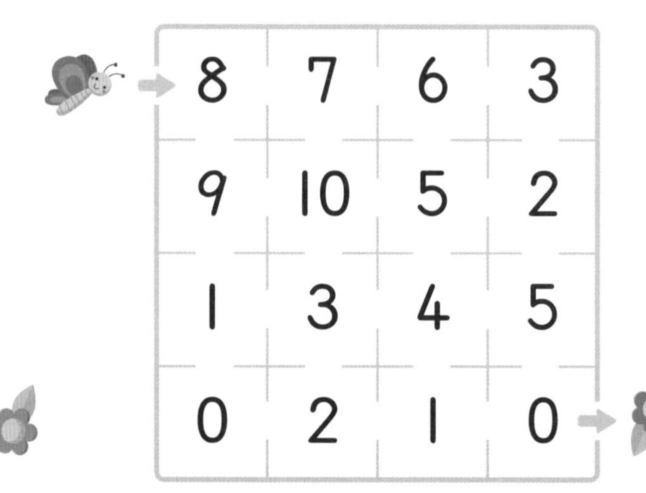

동영상 강의



# 2주차 빼기 2, 빼기 3

2주차에서는 1주차에서 배운 1 작은 수를 응용하여 2 작은 수, 3 작은 수를 학습합니다. 2 작은 수, 3 작은 수를 빼기와 연결하여 뺄셈의 기초를 다질 수 있습니다.

# 2 작은 수

2 작은 수를 알아보아요.

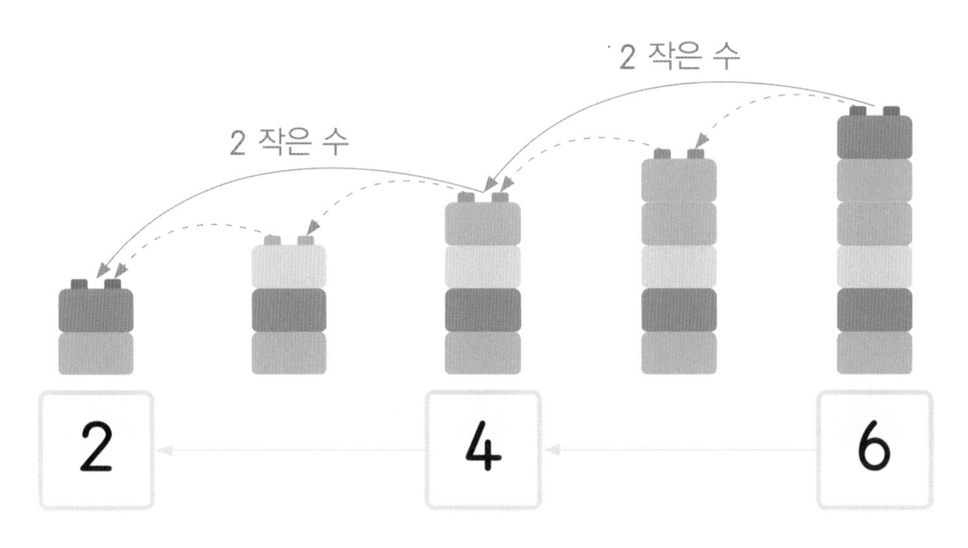

2 작은 수는 거꾸로 1씩 뛰어 세기를 두 번 하는 것과 같아요.

□ 안에 알맞은 수를 써넣어 보세요.

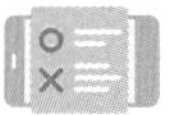

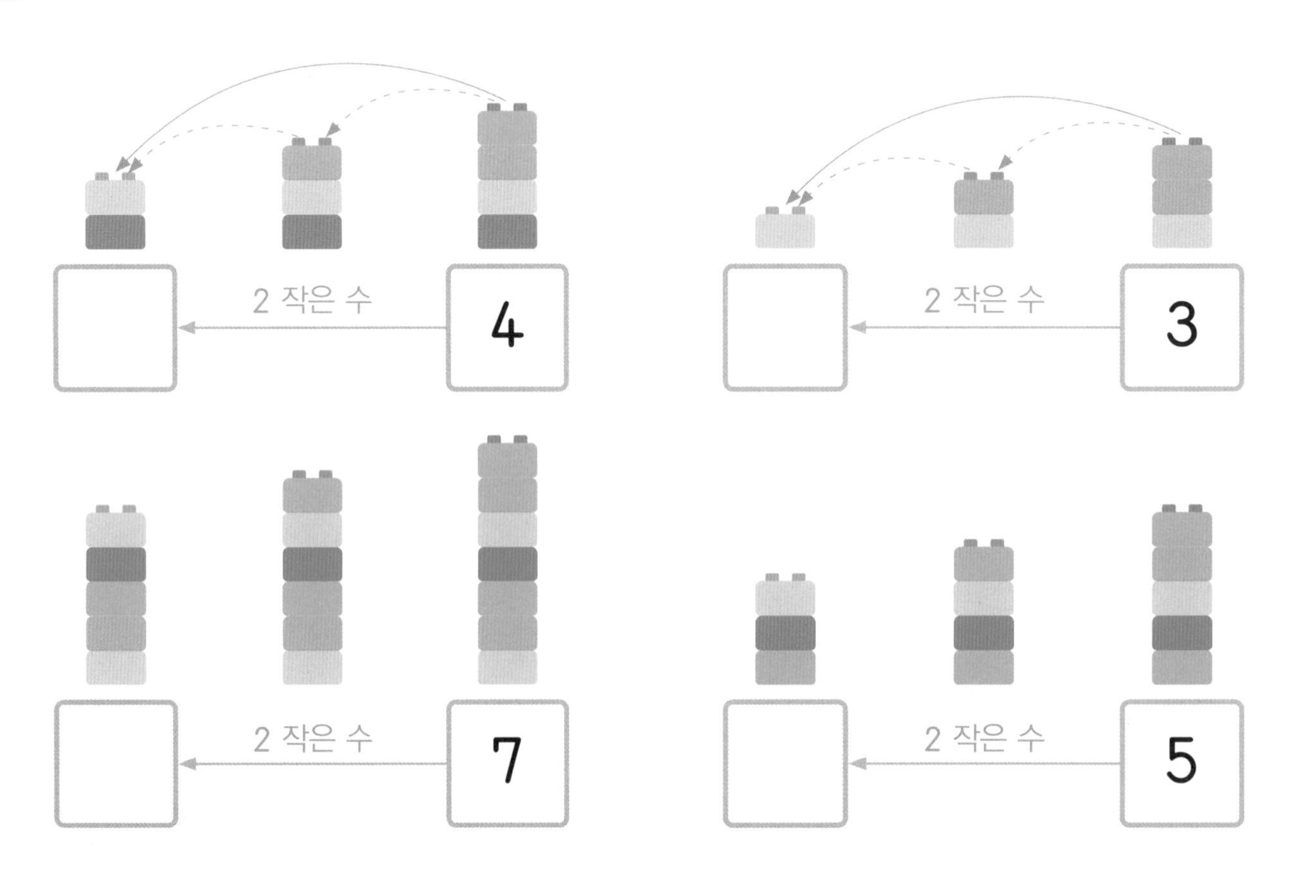

□ 안에 알맞은 수를 써넣어 보세요. 

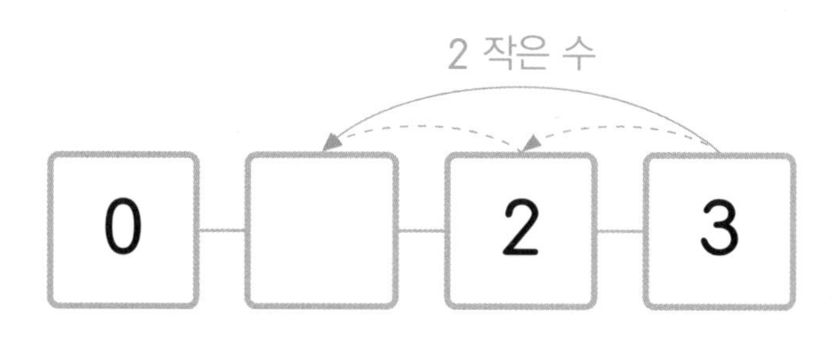


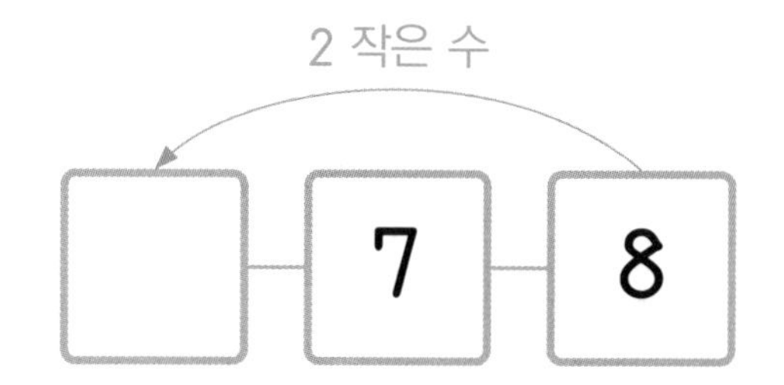


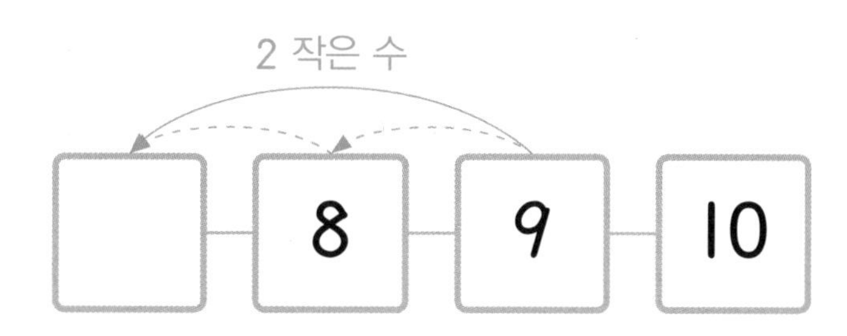


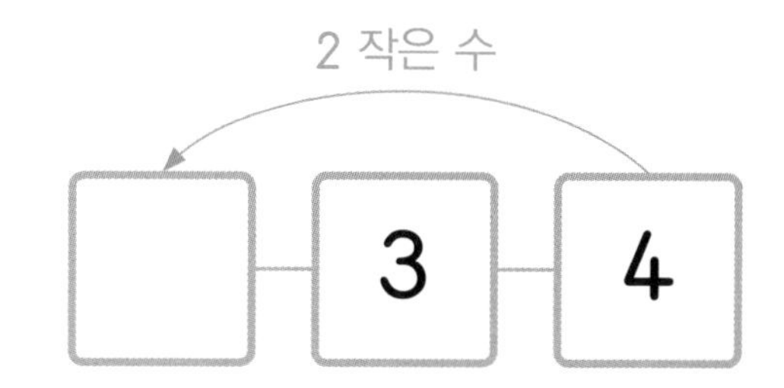


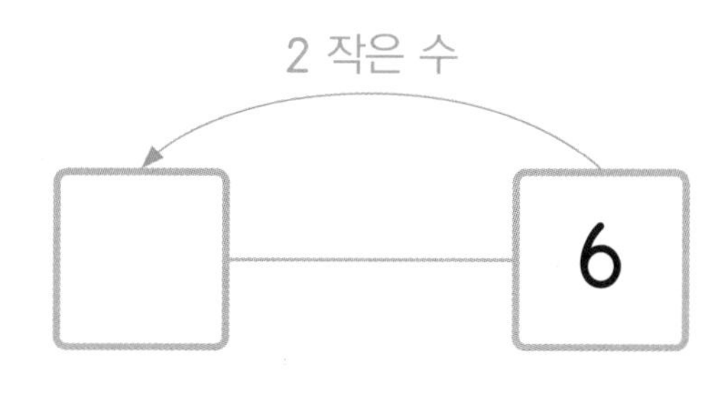


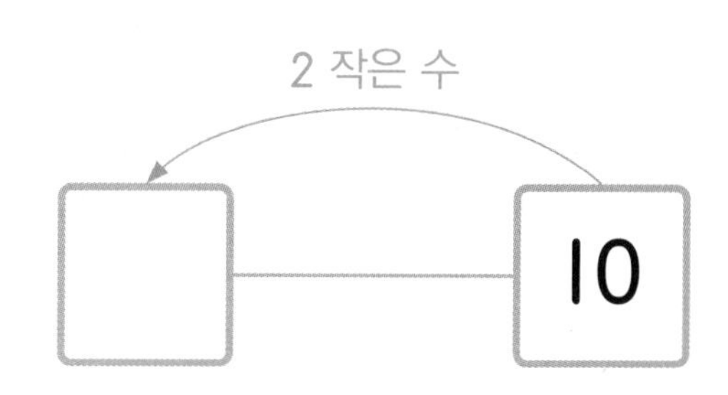


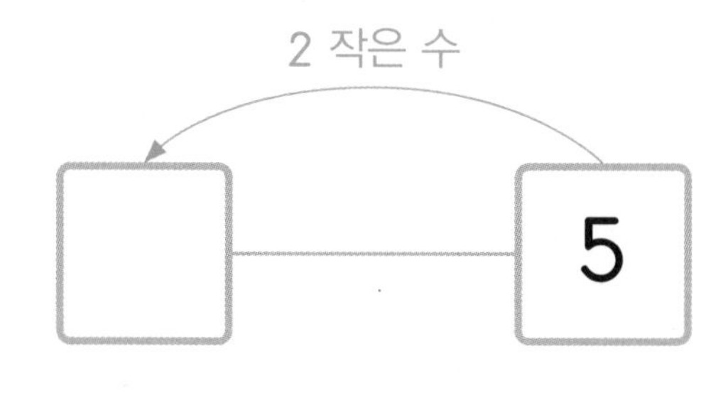

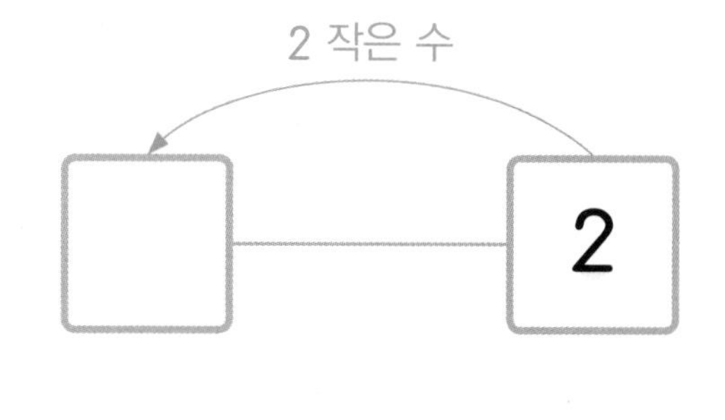


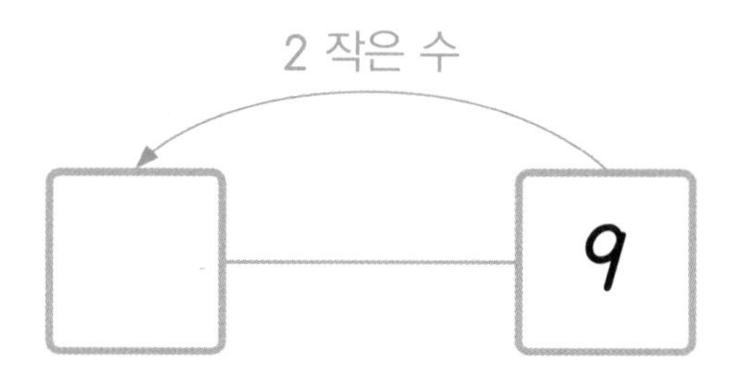


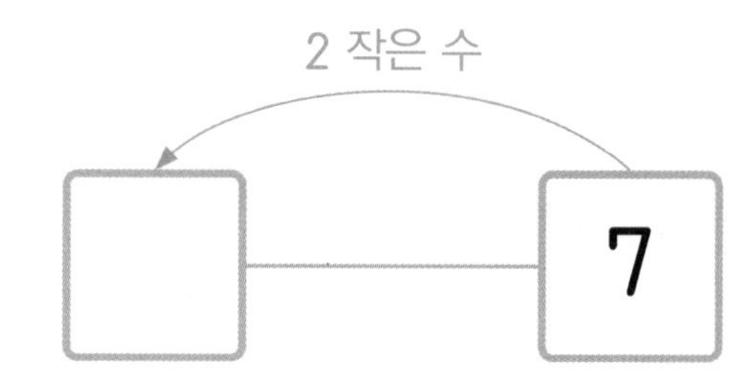

2 일차

# 3 작은 수

원리 3 작은 수를 알아보아요.

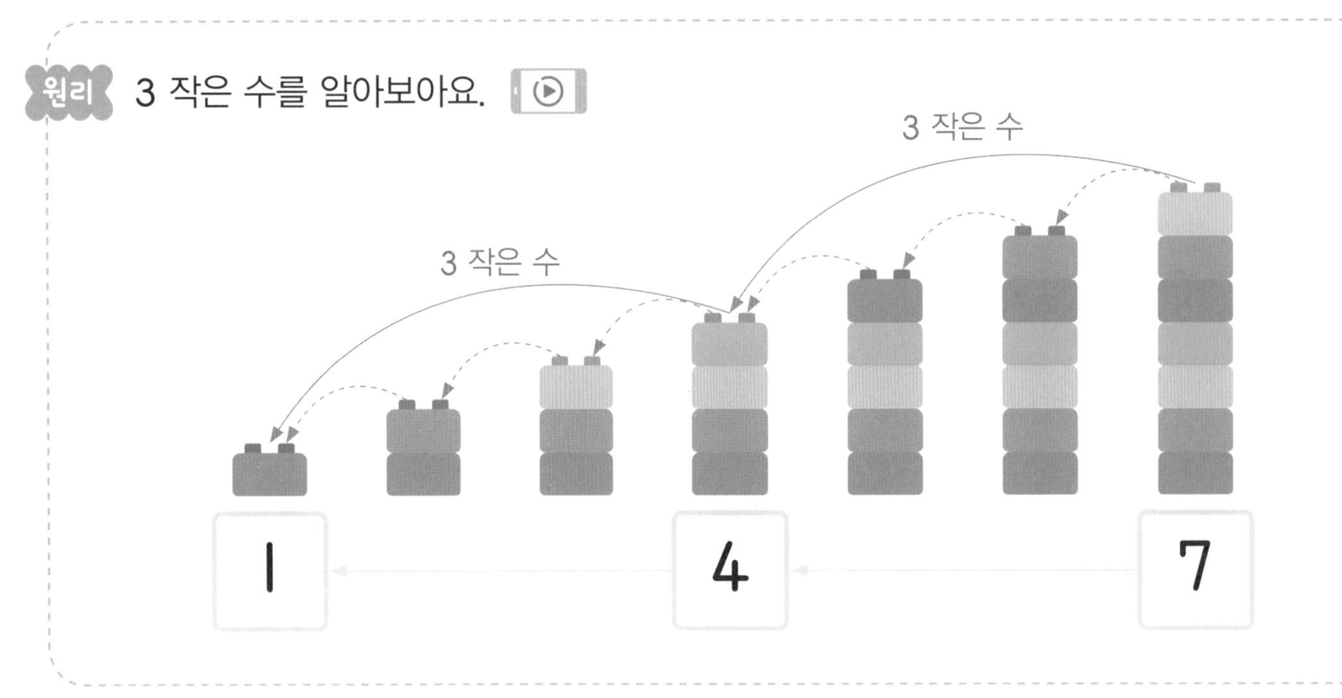

3 작은 수는 거꾸로 1씩 뛰어 세기를 세 번 하는 것과 같아요.

□ 안에 알맞은 수를 써넣어 보세요. 

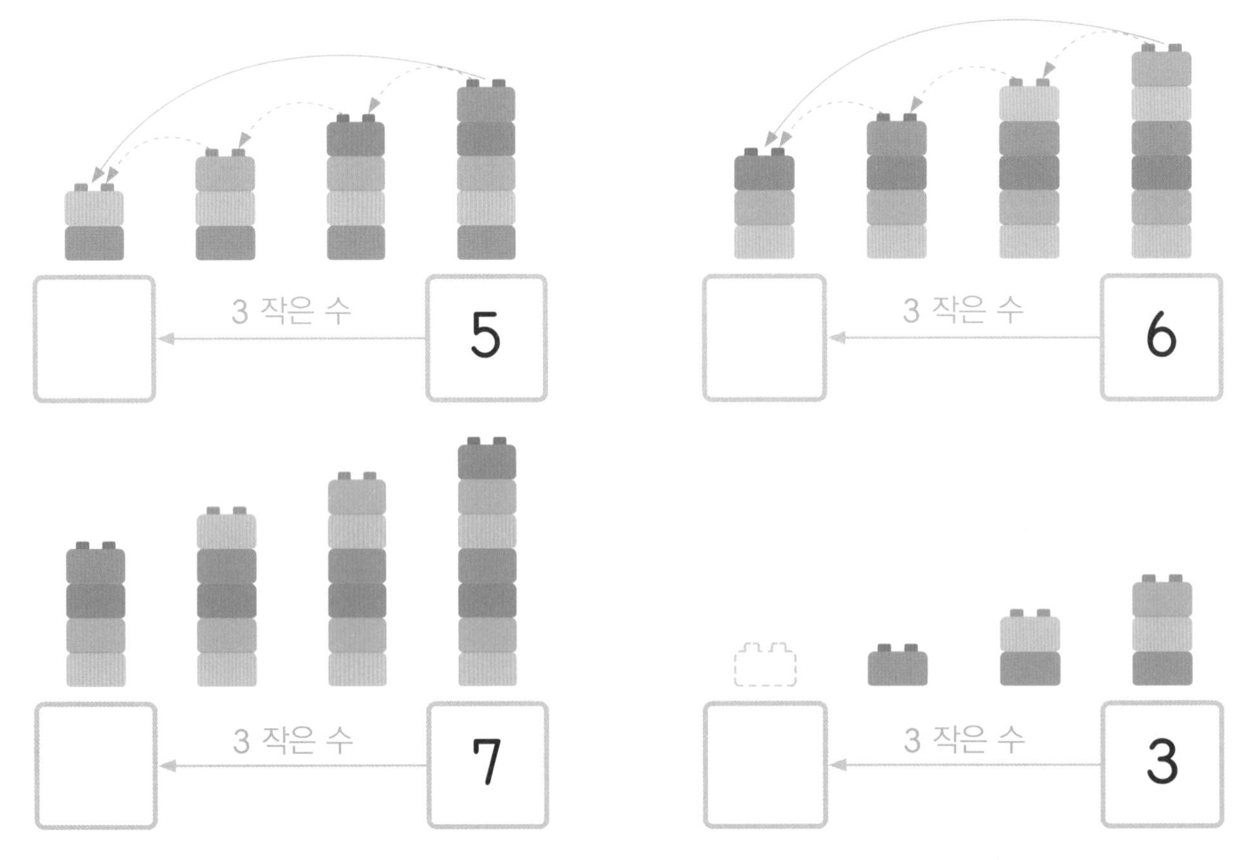

□ 안에 알맞은 수를 써넣어 보세요.

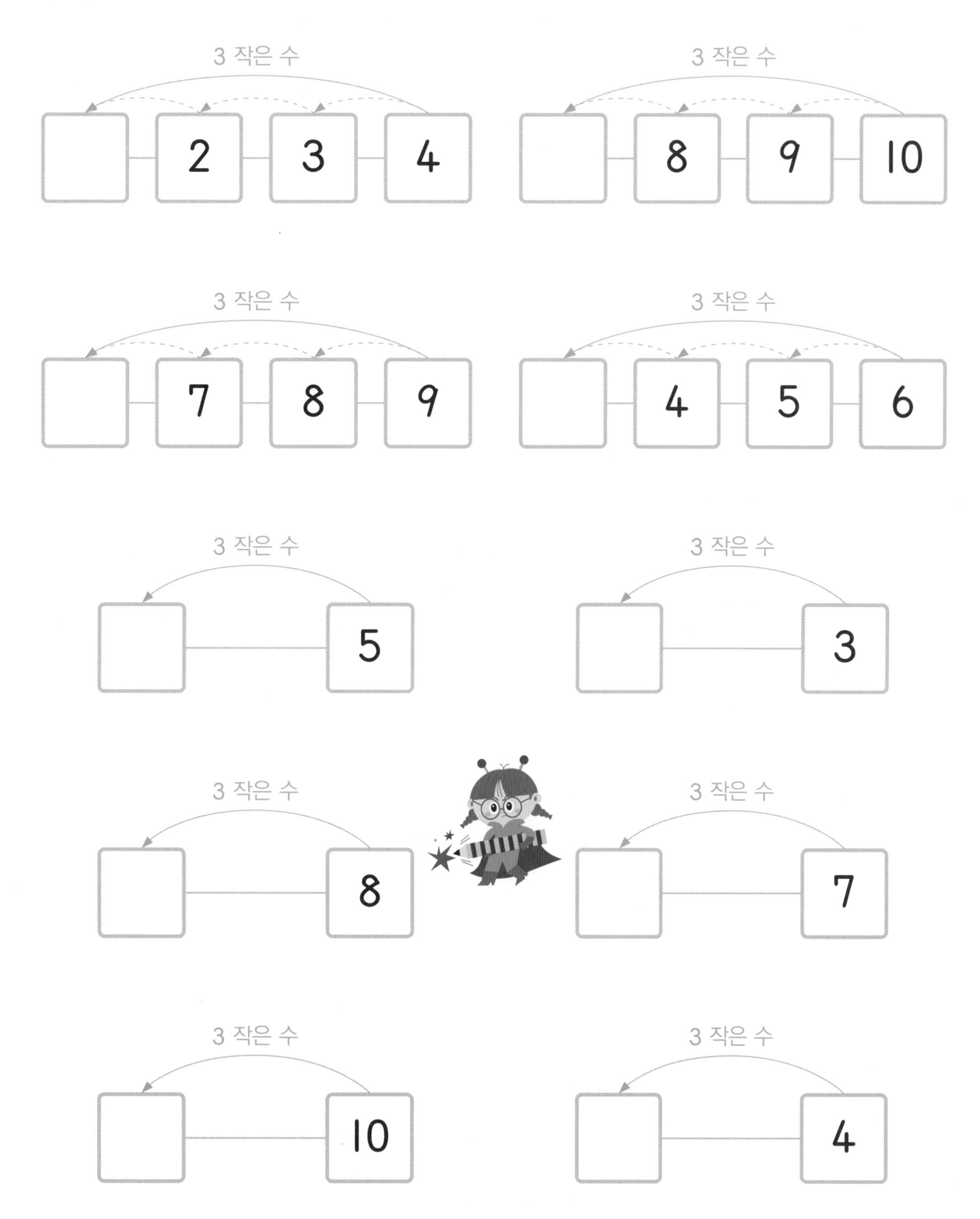

# 3 일차

# 빼기 2, 빼기 3

**원리** 2 작은 수는 빼기 2와 같고, 3 작은 수는 빼기 3과 같아요.

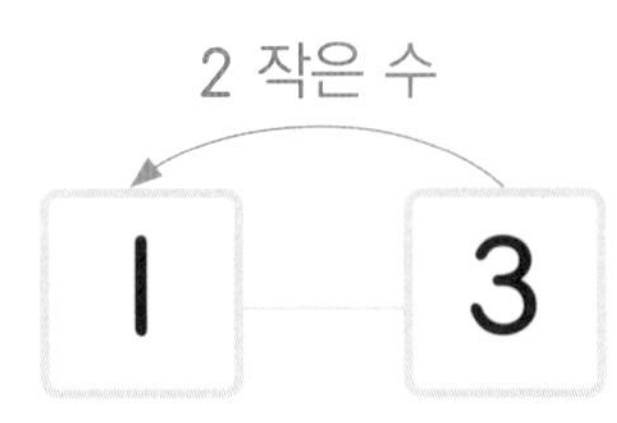


$3 - 2 = 1$

3 빼기 2는 1과 같습니다.
3과 2의 차는 1입니다.

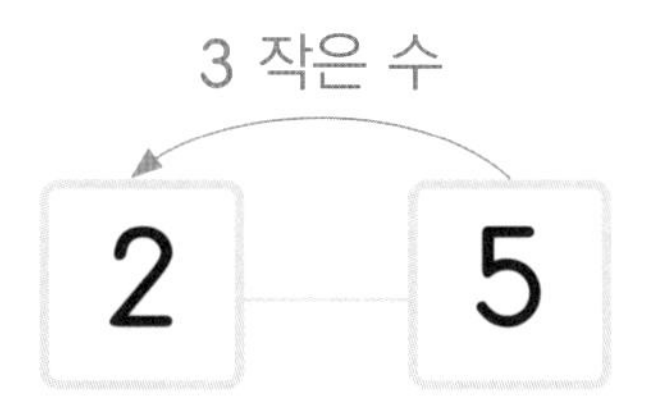


$5 - 3 = 2$

5 빼기 3은 2와 같습니다.
5와 3의 차는 2입니다.

□ 안에 알맞은 수를 써넣어 보세요. 

2 작은 수

| 1 | 2 | 3 | 4 |
|---|---|---|---|

$4 - 2 = \square$

3 작은 수

| 1 | 2 | 3 | 4 |
|---|---|---|---|

$4 - 3 = \square$

$5 - 2 = \square$

3 작은 수

| 4 | 5 | 6 | 7 |
|---|---|---|---|

$7 - 3 = \square$

 □ 안에 알맞은 수를 써넣어 보세요. 

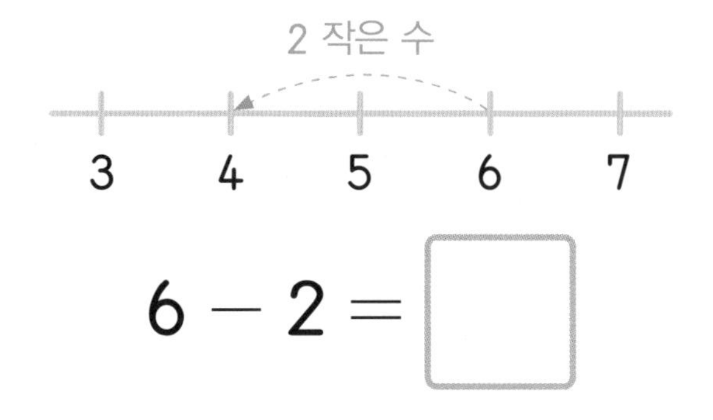


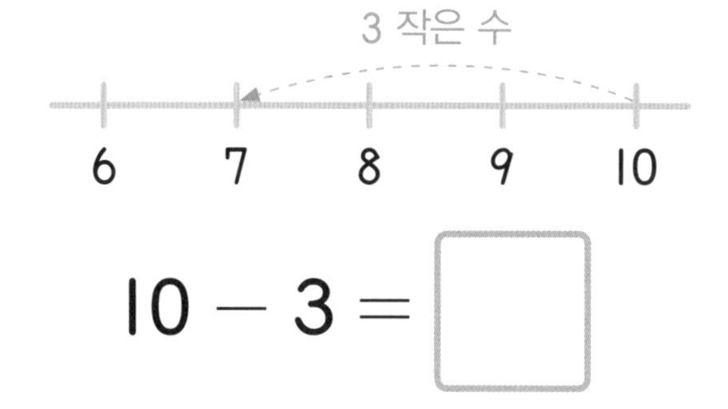


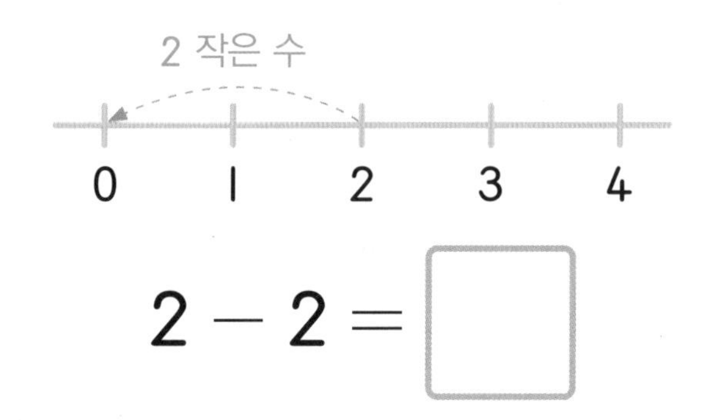


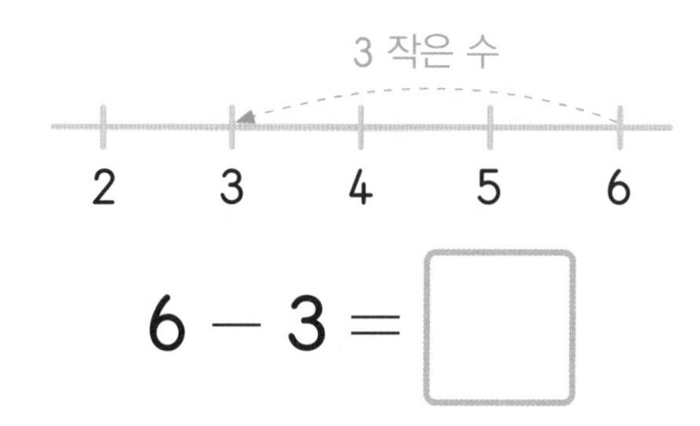


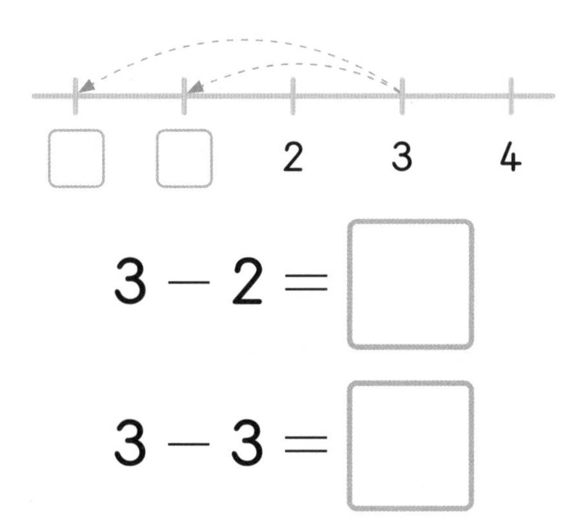


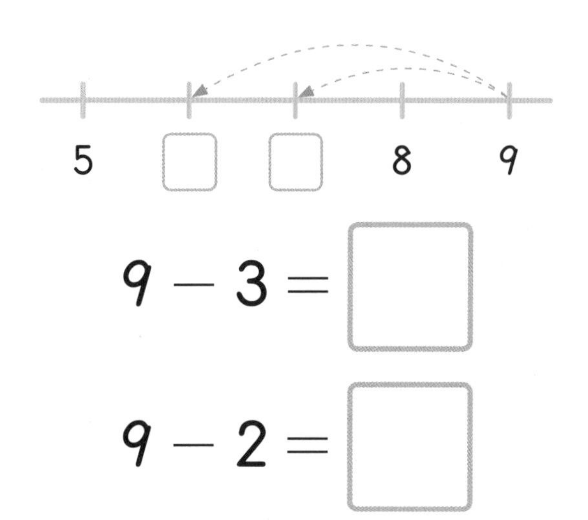

# 퍼즐 연산(1)

동물이 말하는 수만큼씩 작아지는 것에 붙임딱지를 붙여 보세요.  추론

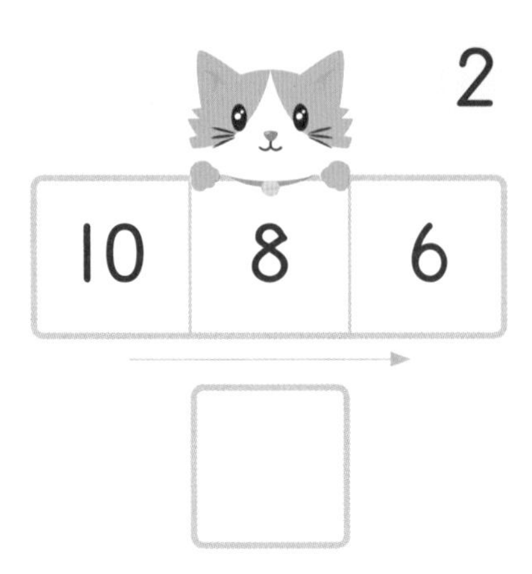


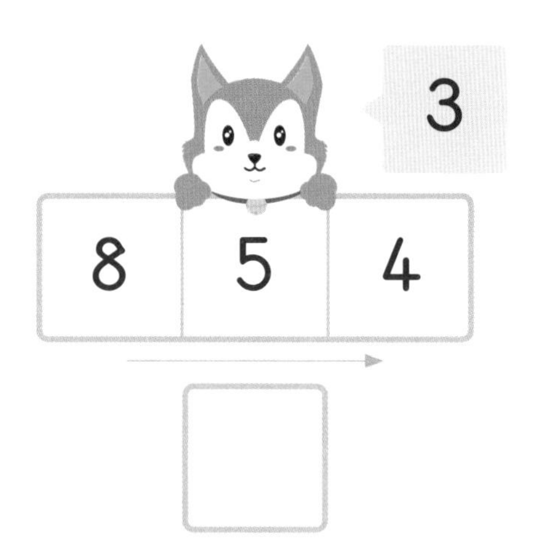


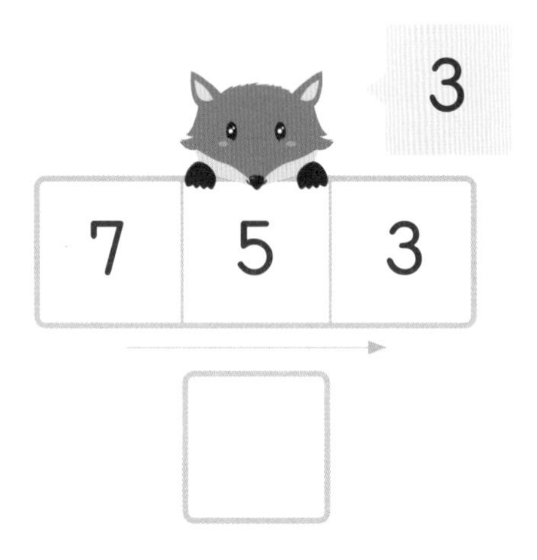


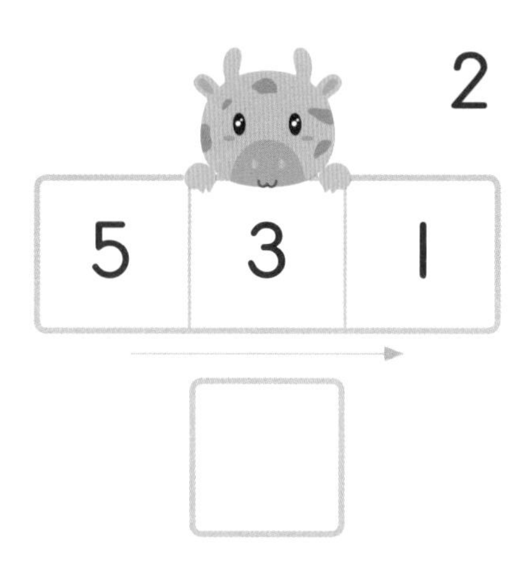

그림을 보고 □ 안에 알맞은 수를 써넣어 보세요.  문제해결

| 1 | 2 | 3 | 4 | 5 | 6 | 7 | 8 | 9 | 10 |
|---|---|---|---|---|---|---|---|---|---|

$6 - \square = 4$

| 1 | 2 | 3 | 4 | 5 | 6 | 7 | 8 | 9 | 10 |
|---|---|---|---|---|---|---|---|---|---|

$5 - \square = 2$

| 1 | 2 | 3 | 4 | 5 | 6 | 7 | 8 | 9 | 10 |
|---|---|---|---|---|---|---|---|---|---|

$9 - \square = 6$

| 1 | 2 | 3 | 4 | 5 | 6 | 7 | 8 | 9 | 10 |
|---|---|---|---|---|---|---|---|---|---|

$4 - \square = 2$

# 퍼즐 연산(2)

🏠에 도착하면 3 작은 수가 되고, 🏠에 도착하면 2 작은 수가 돼요. □ 안에 알맞은 수를 써넣어 보세요. 추론

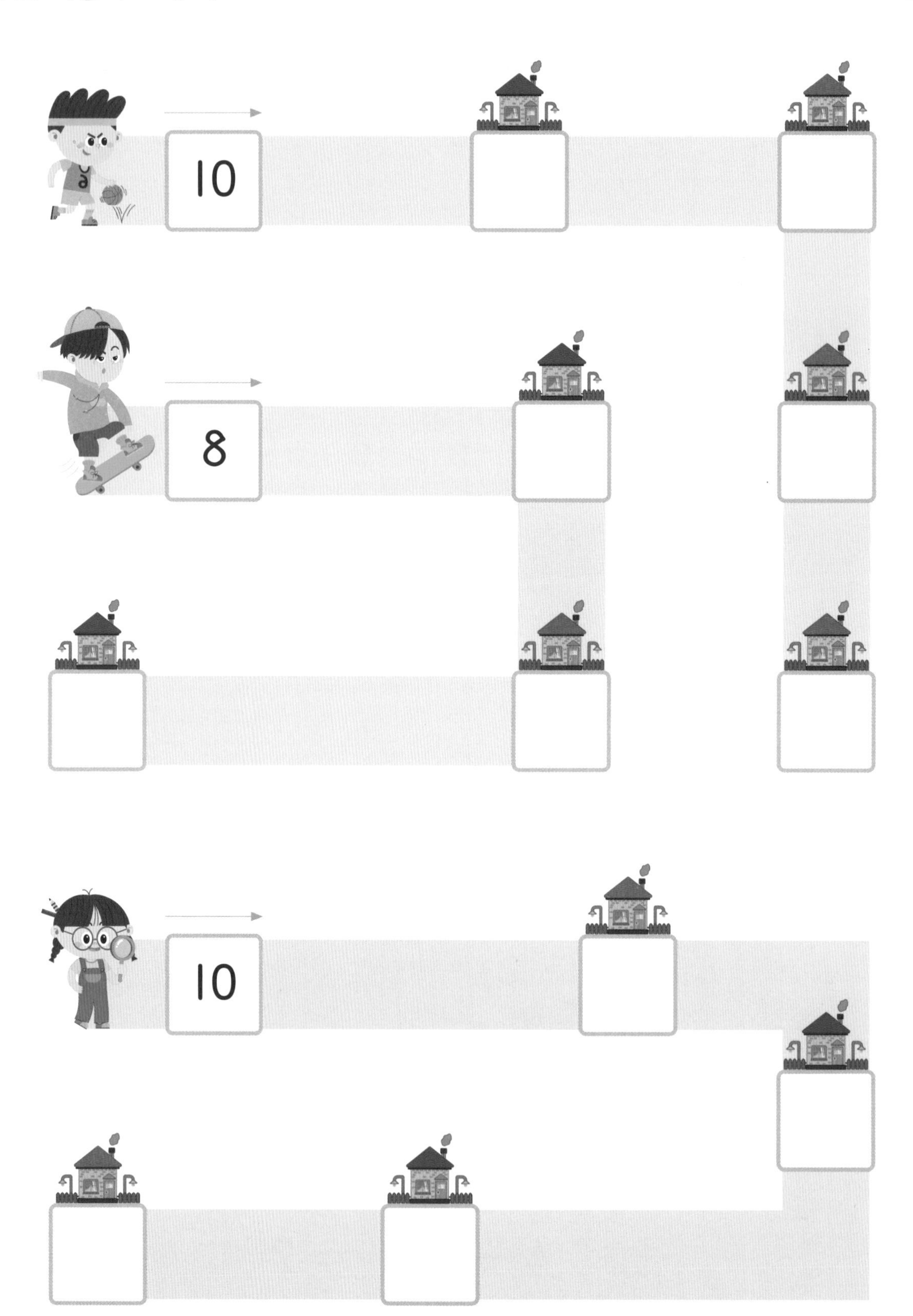

고양이가 계단을 내려가고 있어요. 그림을 보고 □ 안에 알맞은 수를 써넣어 보세요.

문제해결

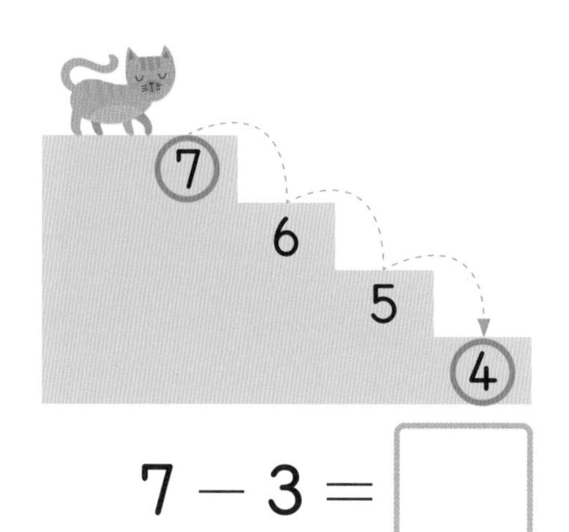


$7 - 3 = \square$

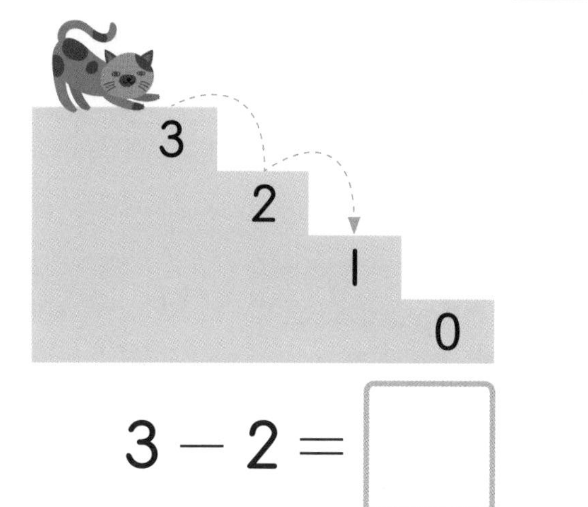


$3 - 2 = \square$

$5 - 2 = \square$

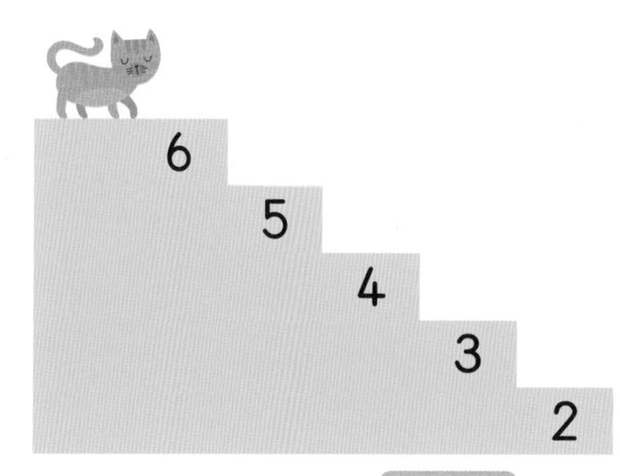


$6 - 3 = \square$

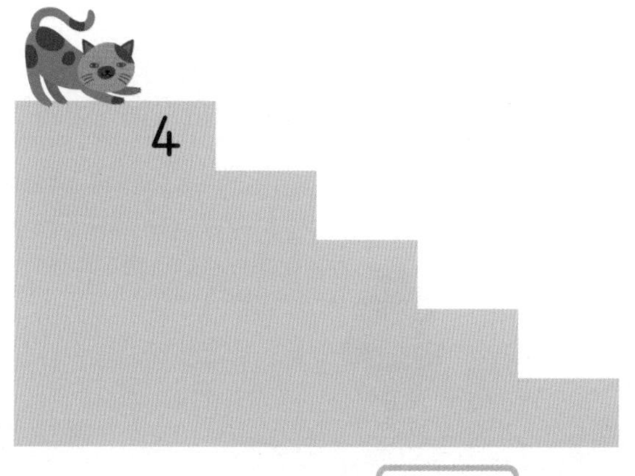


$4 - 3 = \square$

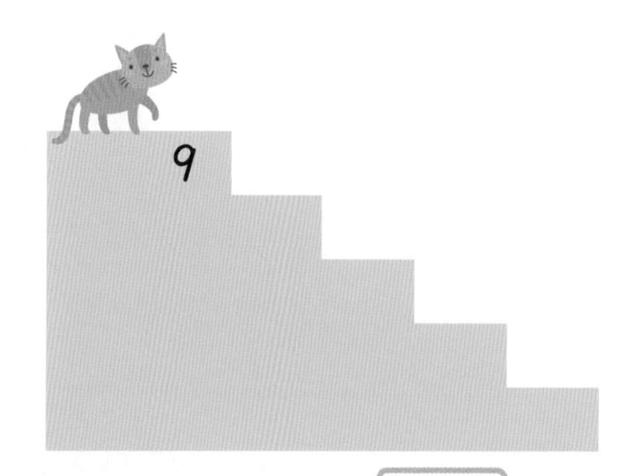


$9 - 2 = \square$

친구들이 여행을 떠나려고 해요. 표지판에 쓰여 있는 수만큼 빼기를 하며 길을 지나가고 있어요. □ 안에 알맞은 수를 써넣어 보세요.

추론 창의·융합

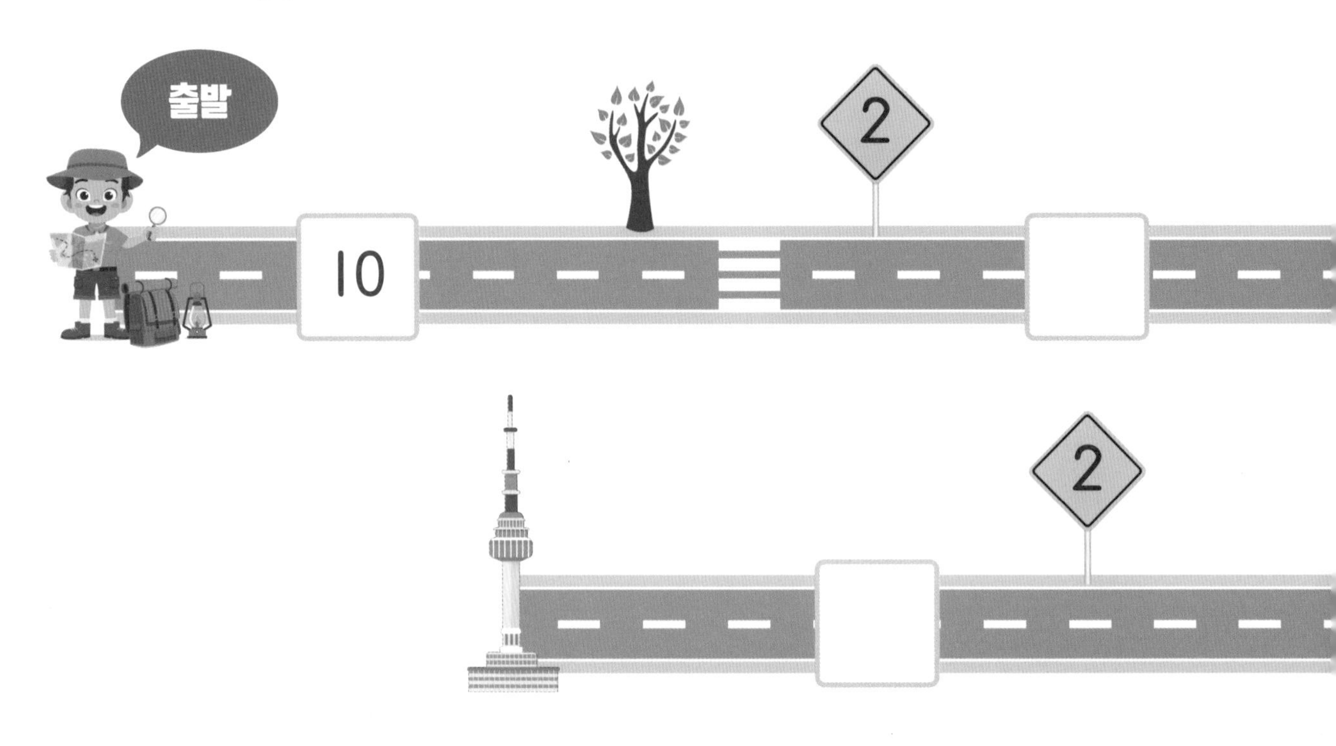


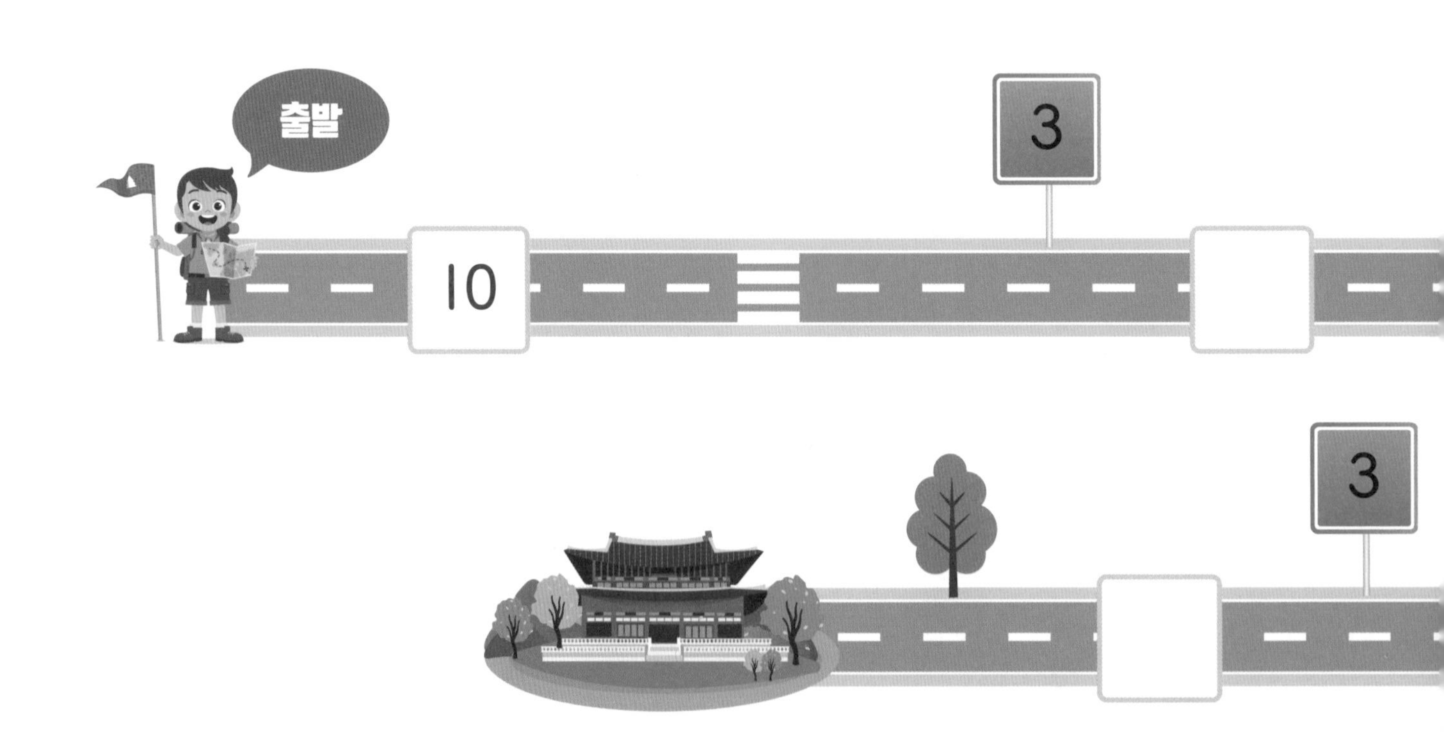

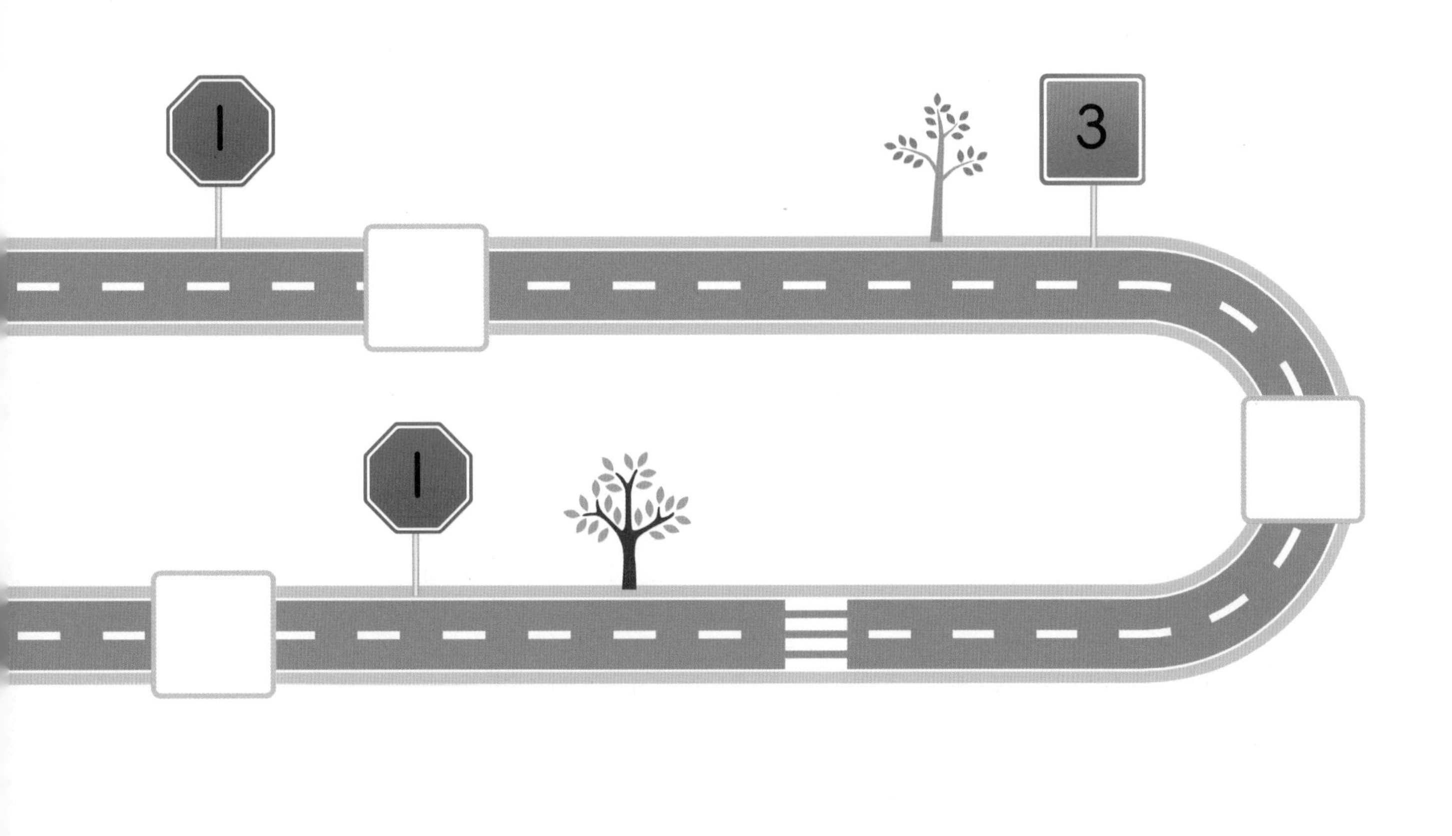
1
3
1

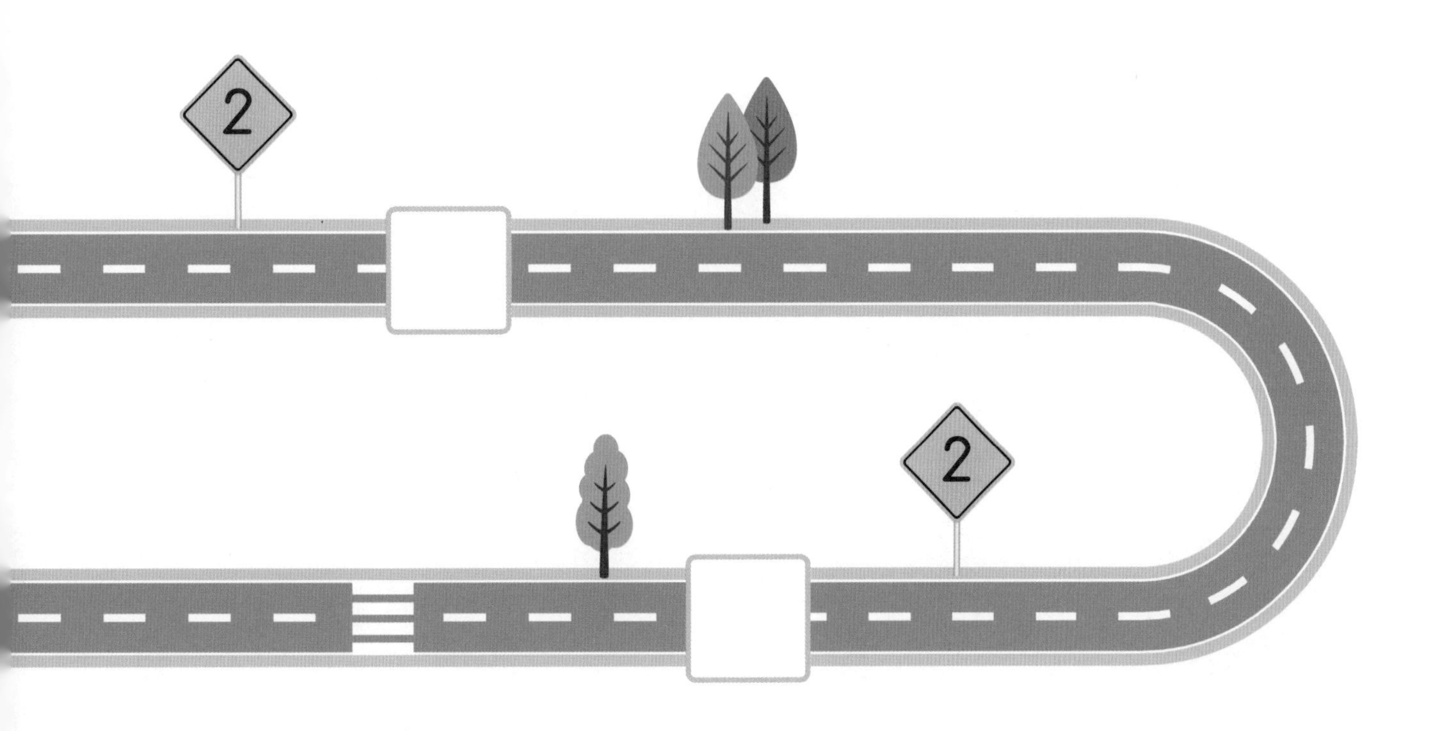
2
2

규칙에 따라 빈 곳에 알맞은 붙임딱지를 붙여 보세요.

추론 문제해결 정보처리

7 ( ) 4    10 ( ) 8

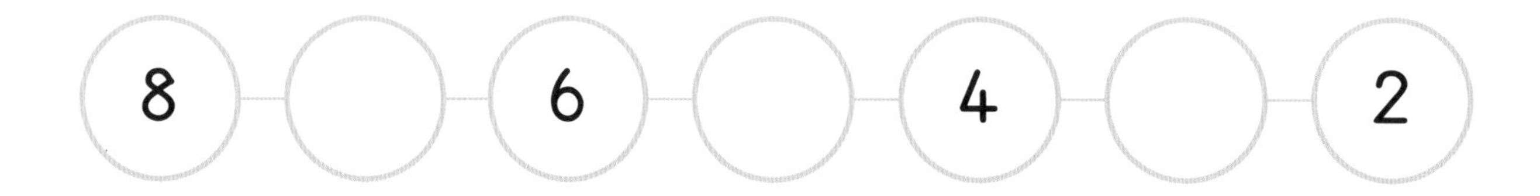


7 ( ) 5 ( ) 2 ( ) 0

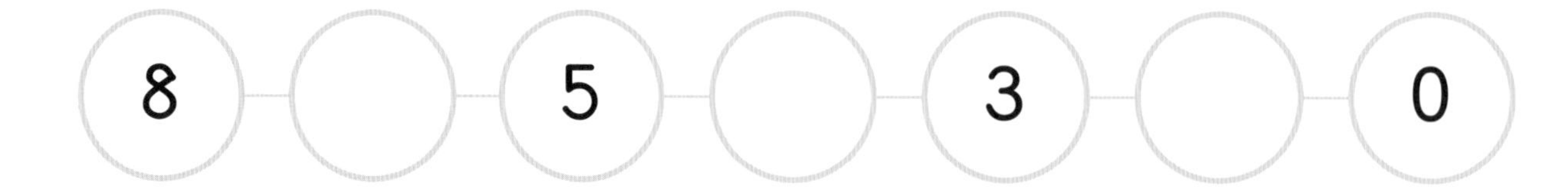

# 3 주차 10까지의 수 가르기

3주차에서는 두 수를 가르는 연습을 통해 두 수의 빼기에 대한 기본적인 개념을 학습합니다. 구체물의 개수를 하나씩 세는 방법으로 시작하여 추상적인 수의 가르기를 연습합니다.

# 그림 보고 수 가르기

원리 음표를 두 묶음으로 갈라서 셀 수 있어요.

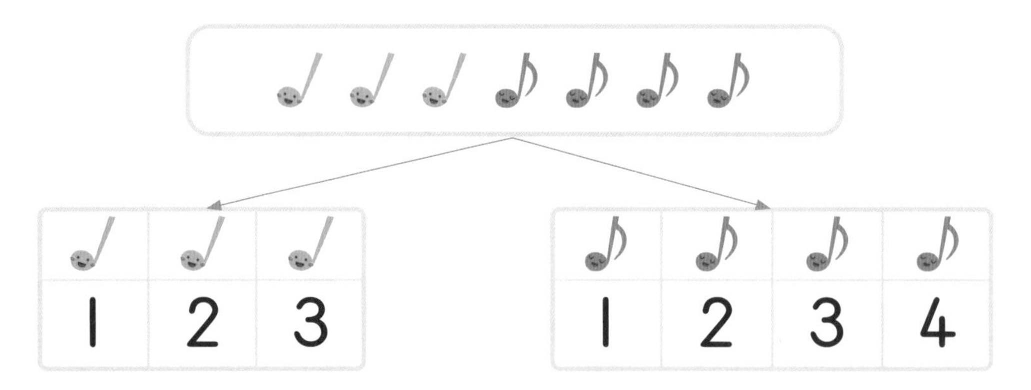

두 묶음으로 가른 모양을 다시 모으면 원래 모양의 개수와 같아요.

빈칸에 순서대로 수를 써넣어 각각 몇 개인지 확인해 보세요.

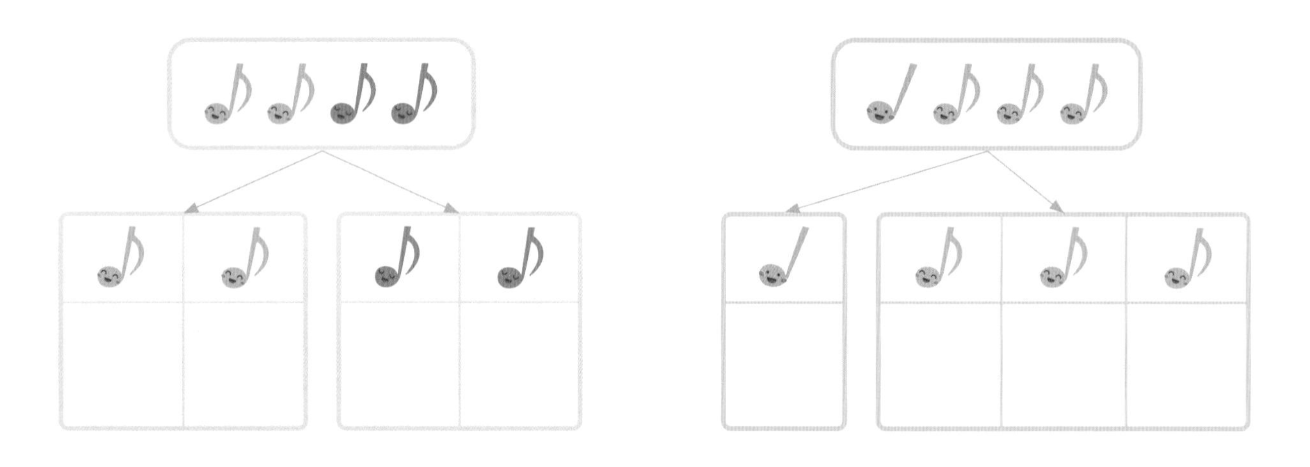

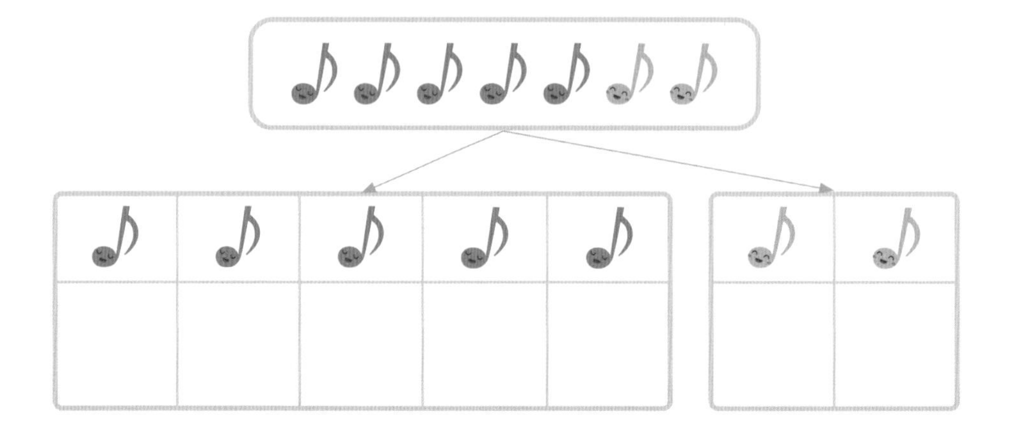

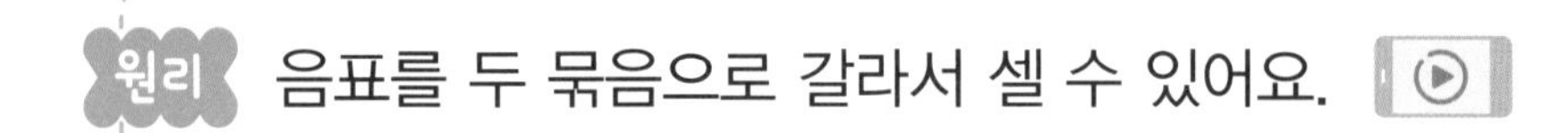

두 묶음으로 가른 모양의 수를 세어 □ 안에 써넣어 보세요. 

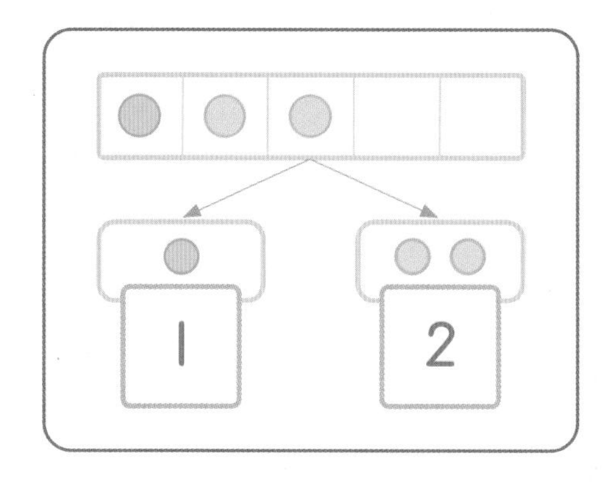


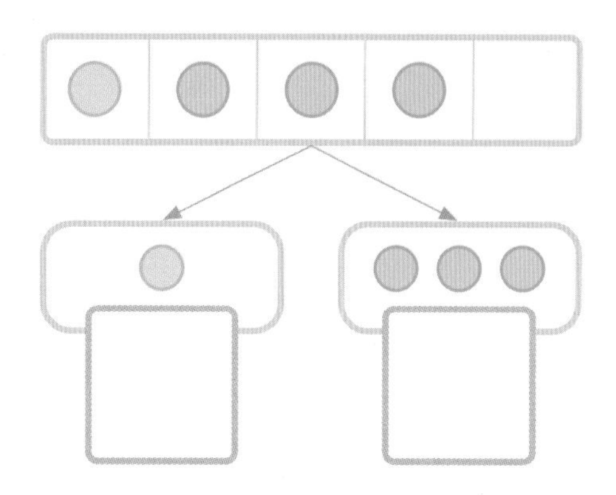

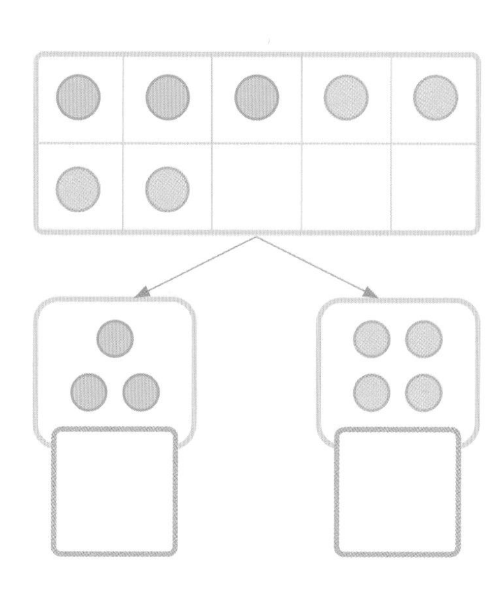

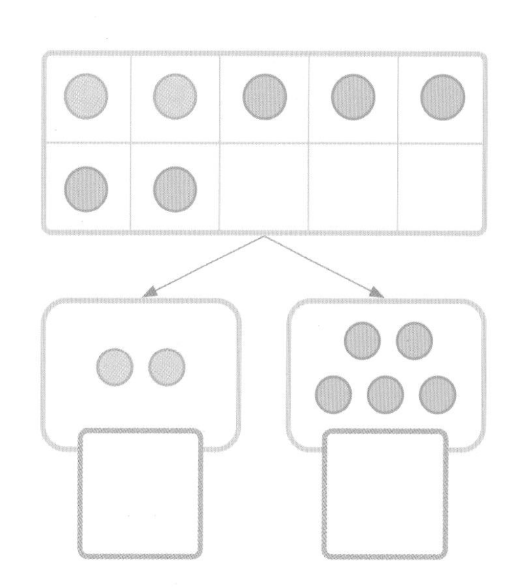

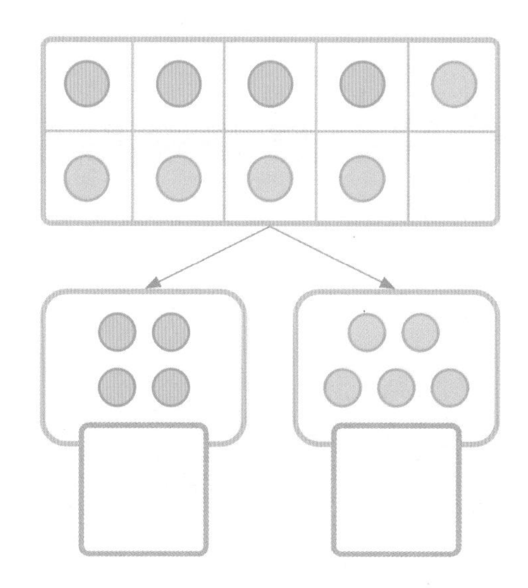

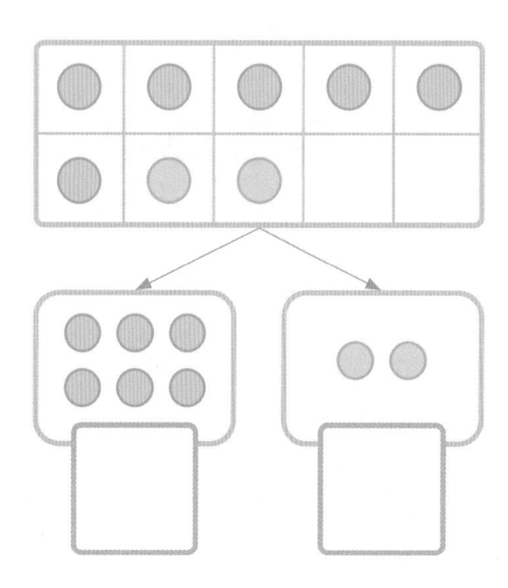

# 수 가르기

원리 수를 가르기 하여 두 수로 나타내요.

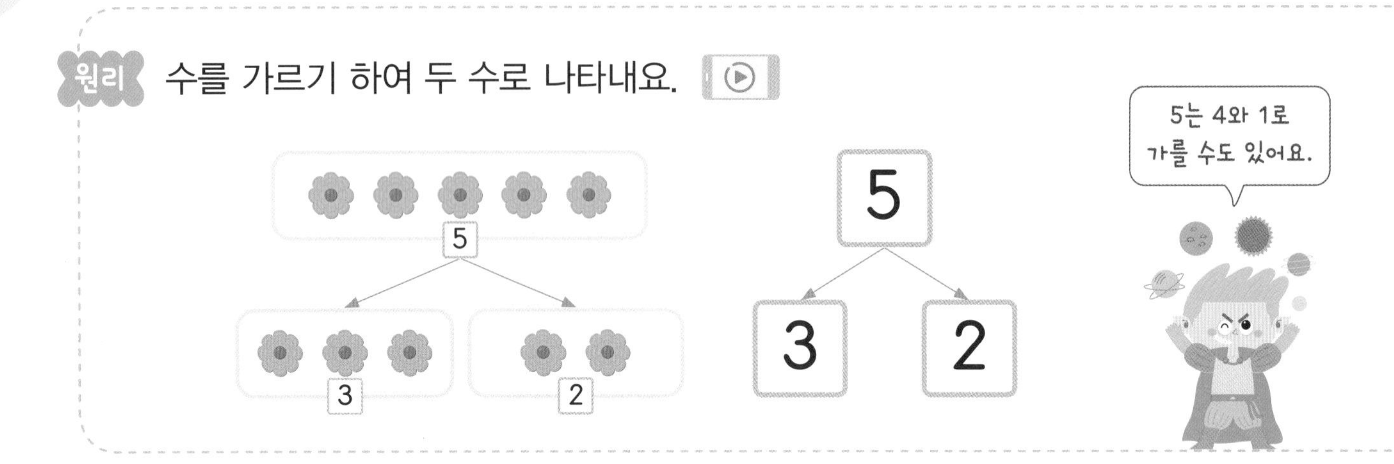


수를 둘로 가르는 방법은 여러 가지가 있어요.

수를 가르기 하여 □ 안에 알맞은 수를 써넣어 보세요.

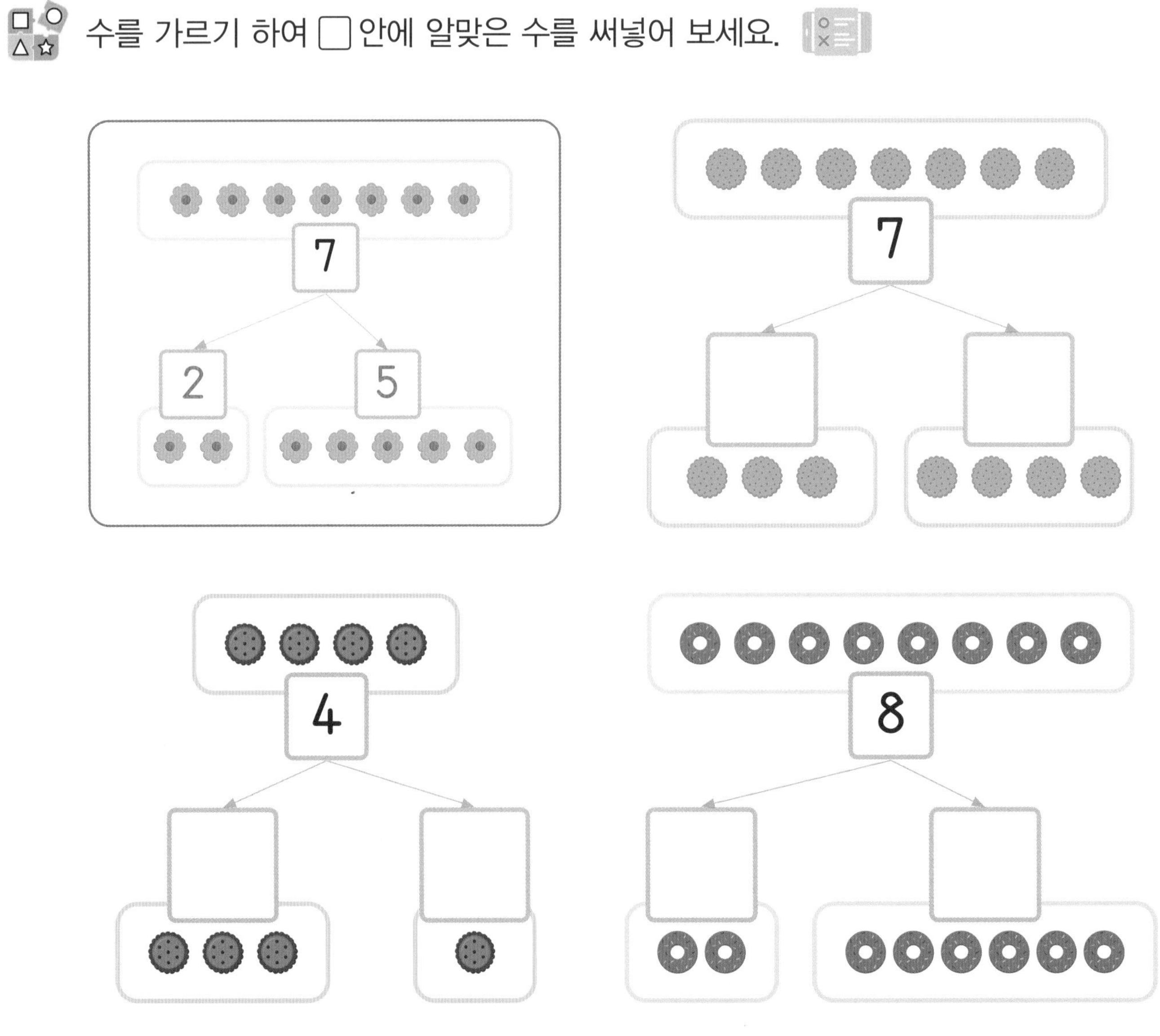

월 일

수를 가르기 하여 □ 안에 알맞은 수를 써넣어 보세요. 

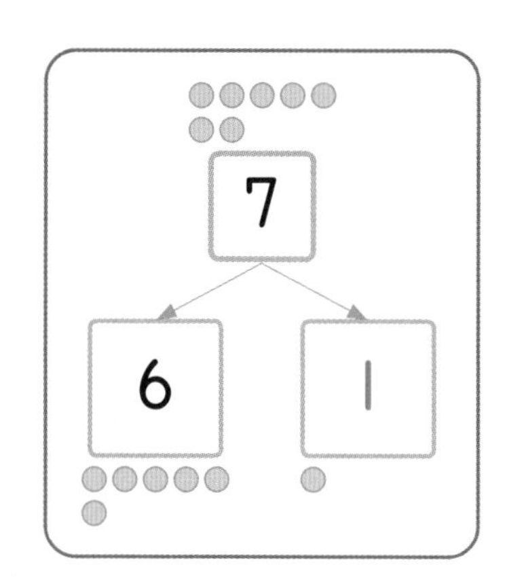


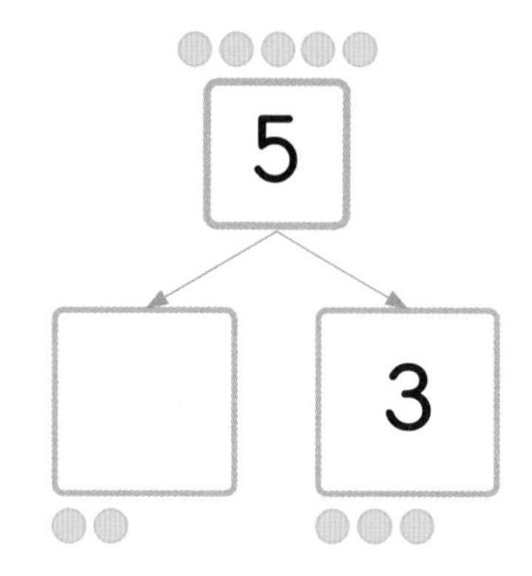


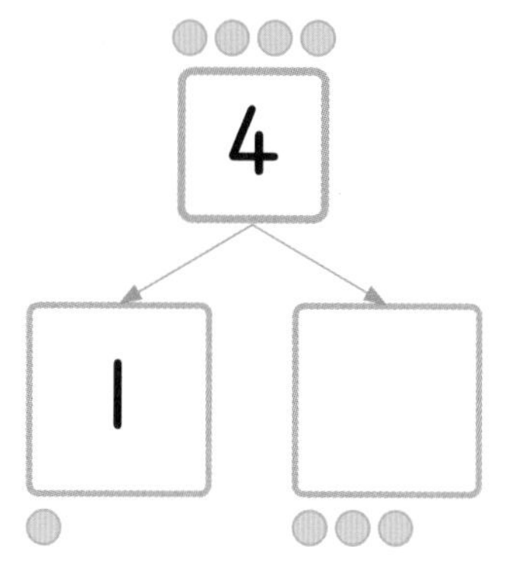


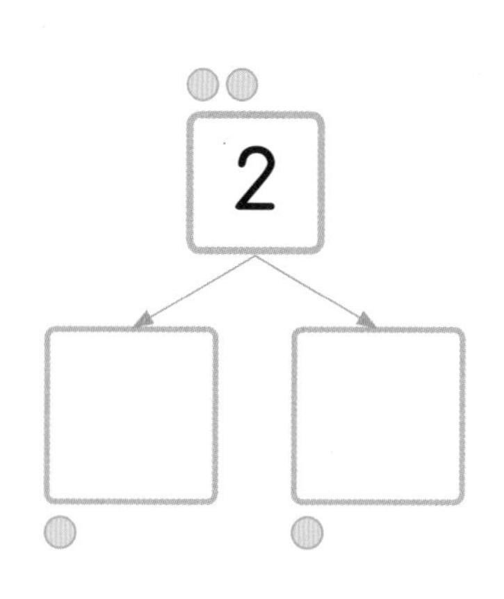


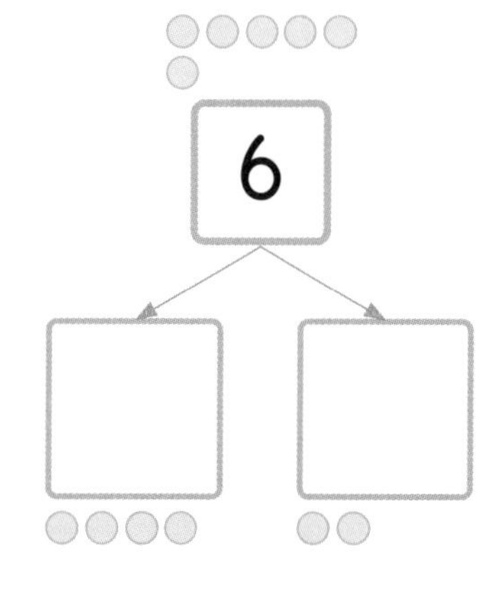


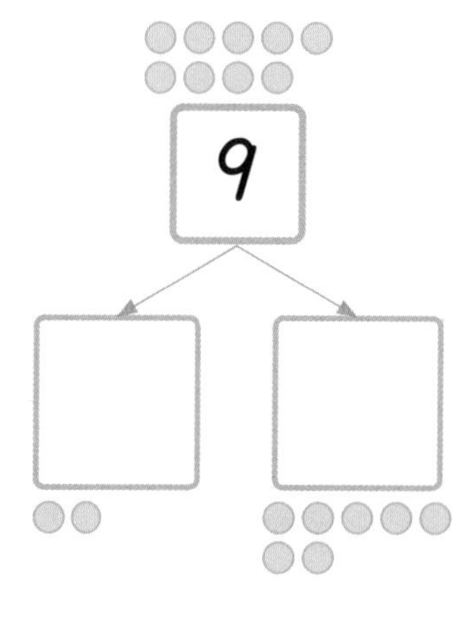


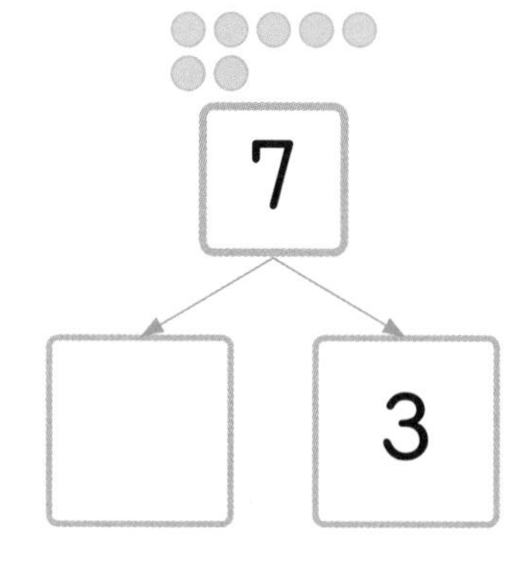


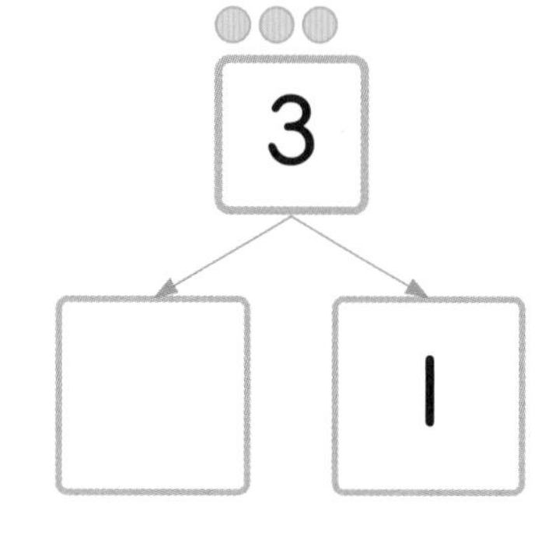


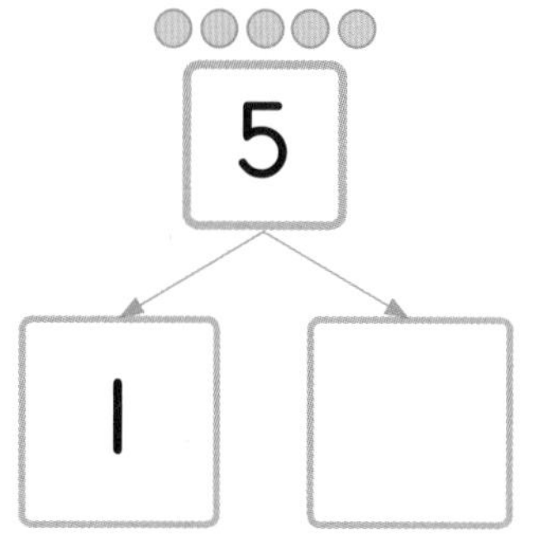


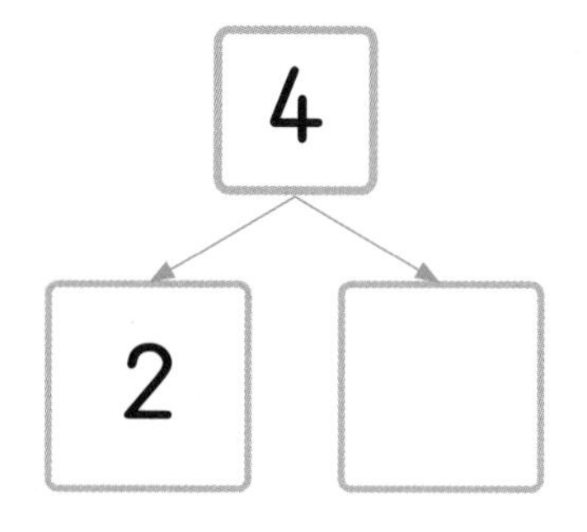


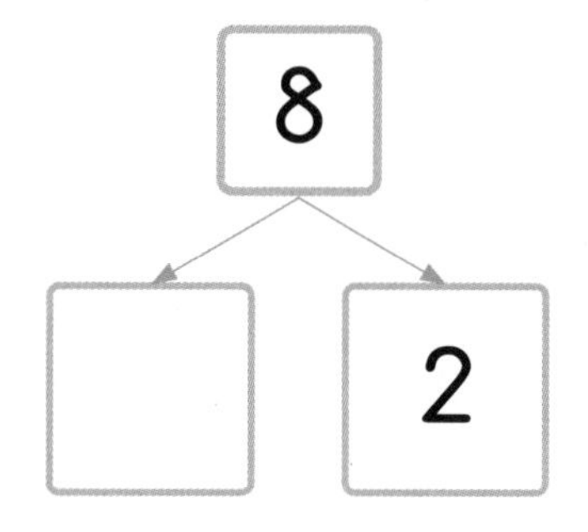


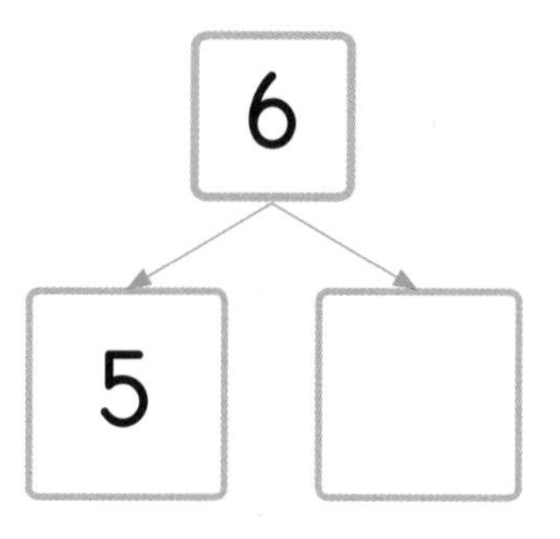

# 같은 수로 가르기

원리 수를 똑같게 가르기 해 보아요.

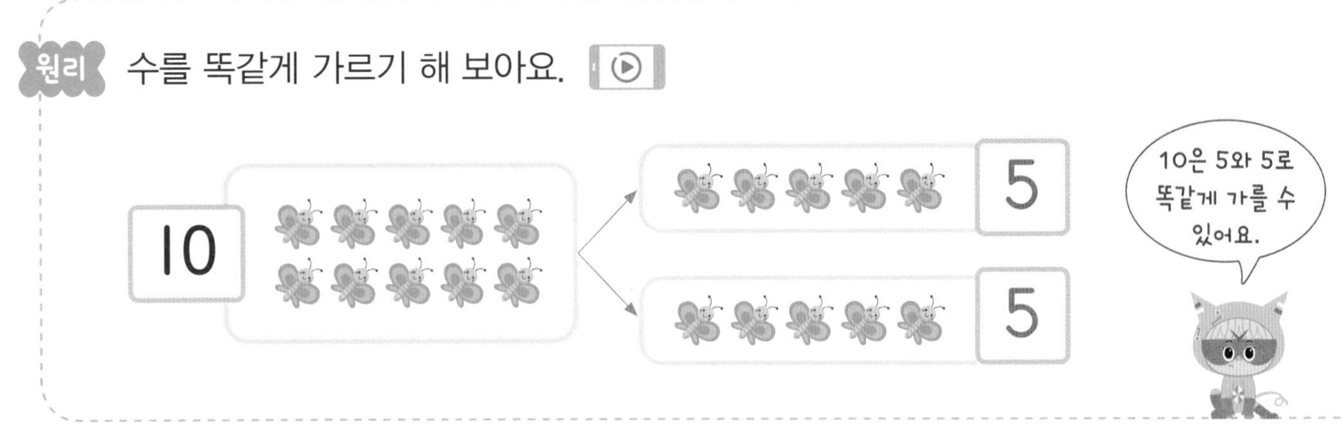


3, 5, 7, 9처럼 똑같게 가를 수 없는 수도 있어요.

수를 똑같게 가르기 하여 □ 안에 알맞은 수를 써넣어 보세요.

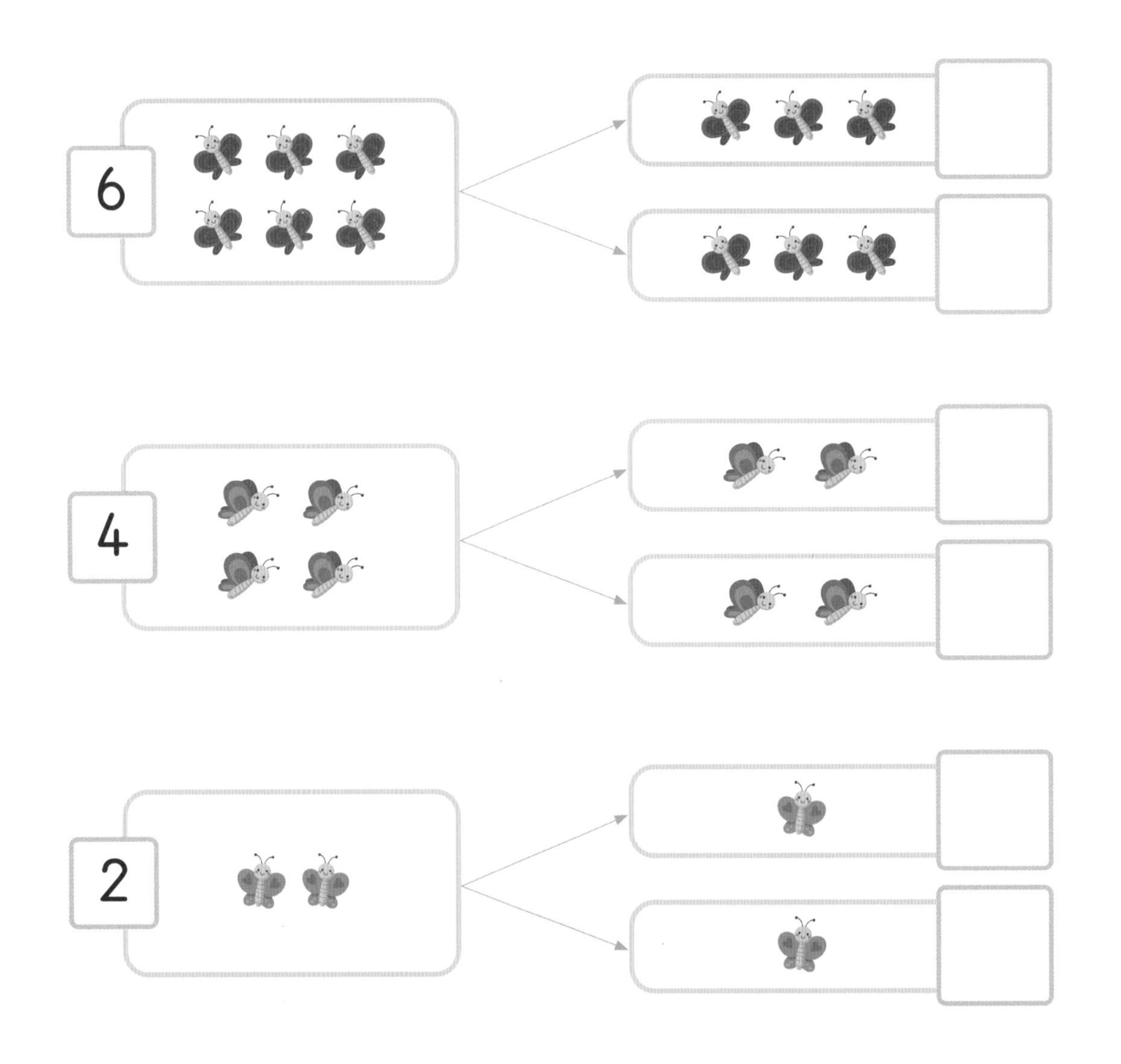

수를 똑같게 가르기 하여 ▢ 안에 알맞은 수를 써넣어 보세요. 

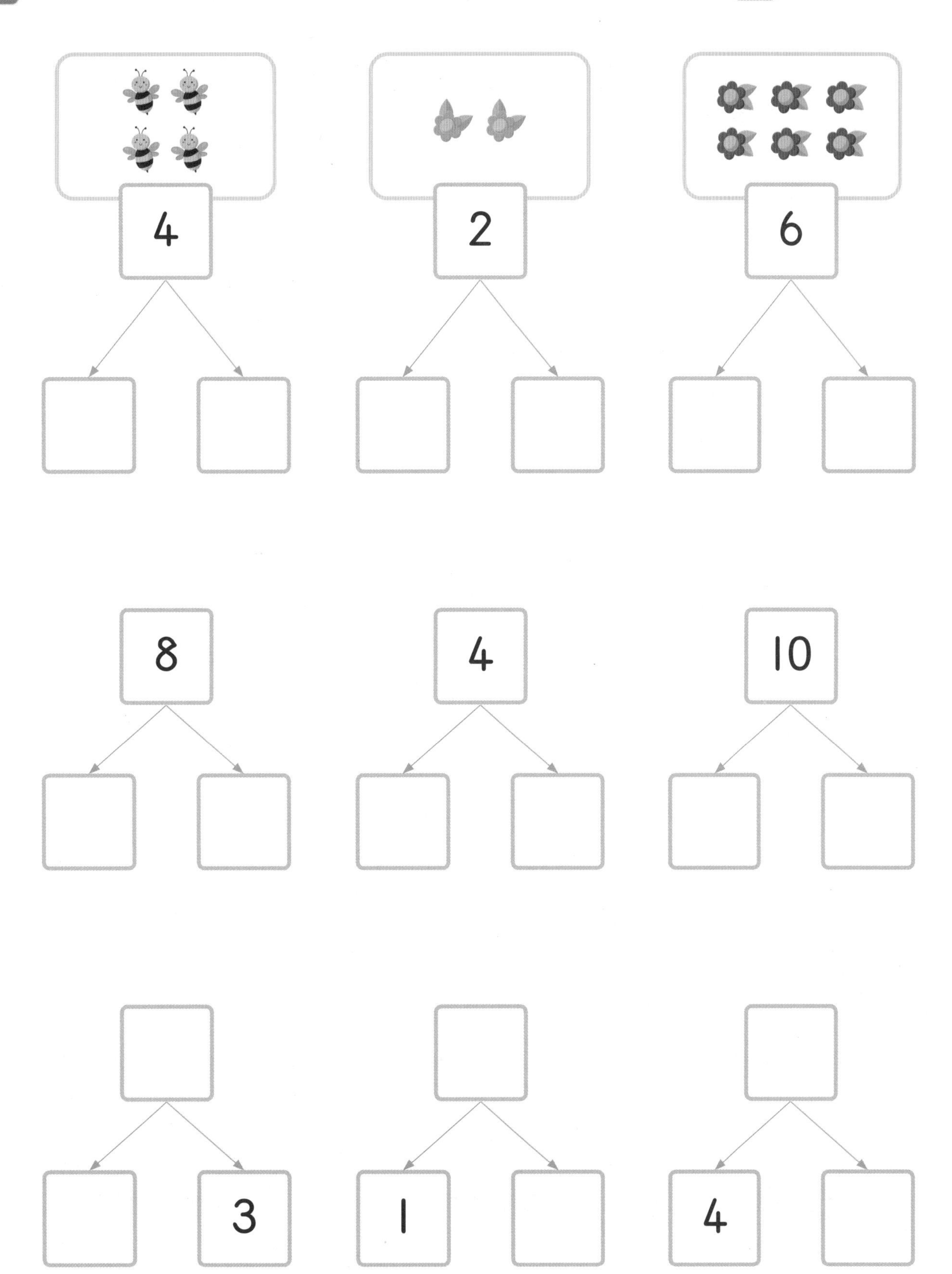

# 퍼즐 연산(1)

수박에서 씨를 골라 냈어요. 빼낸 씨의 개수를 □ 안에 써넣어 보세요.

추론 창의·융합

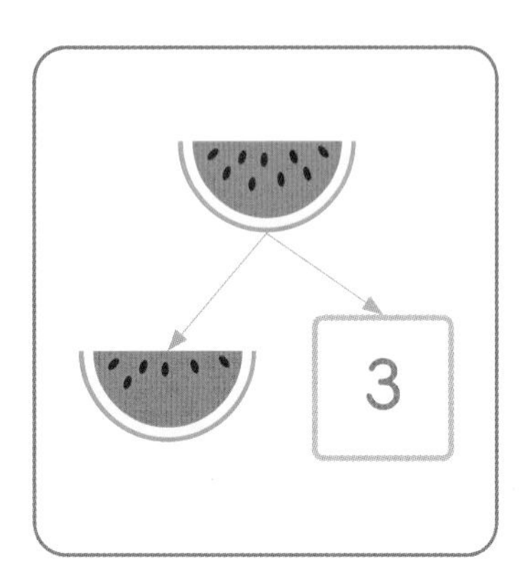


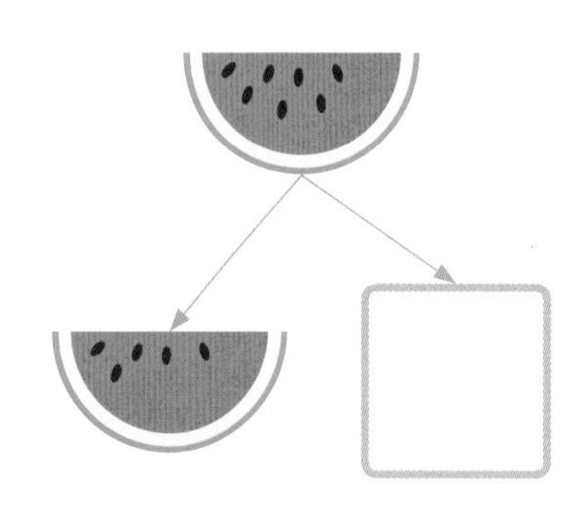

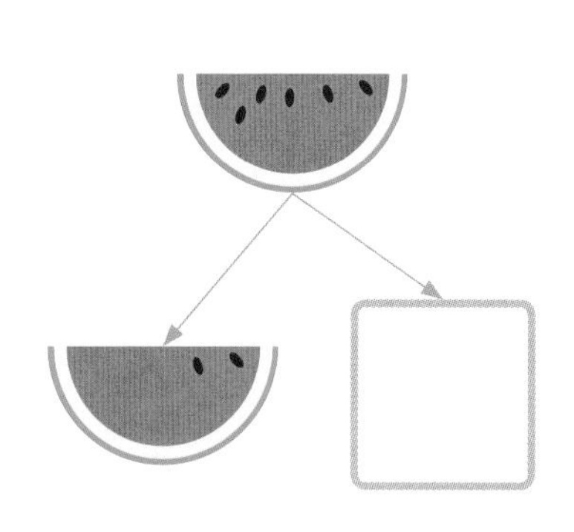

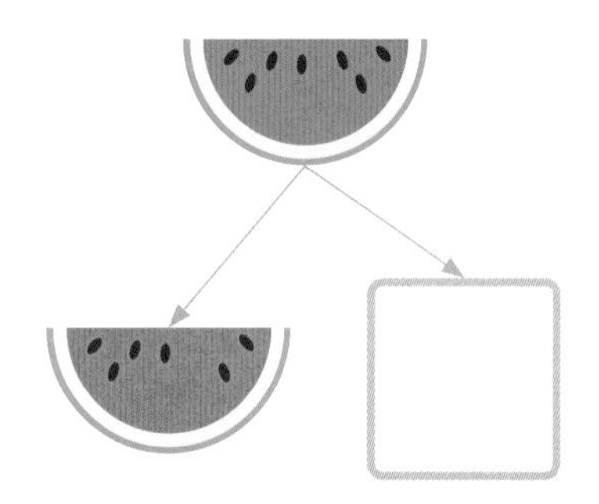

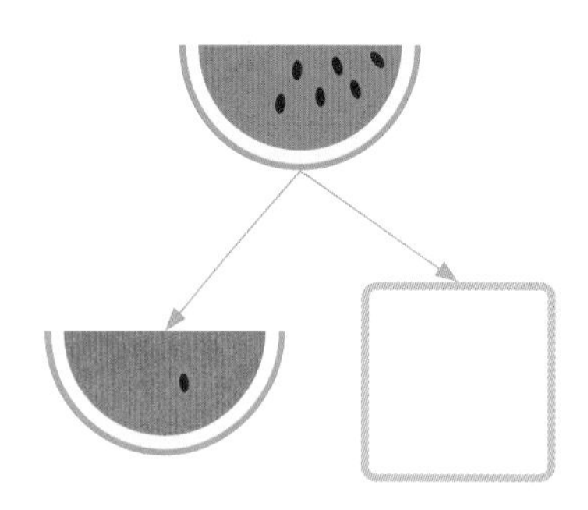

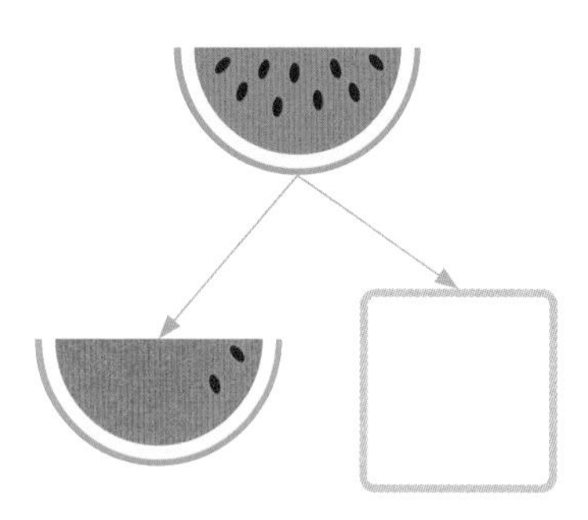

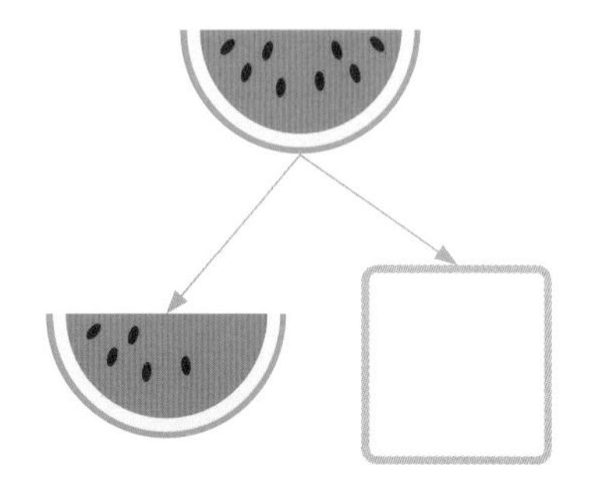

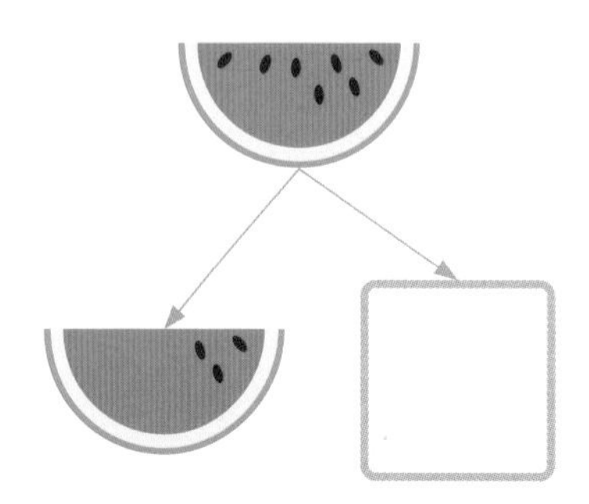

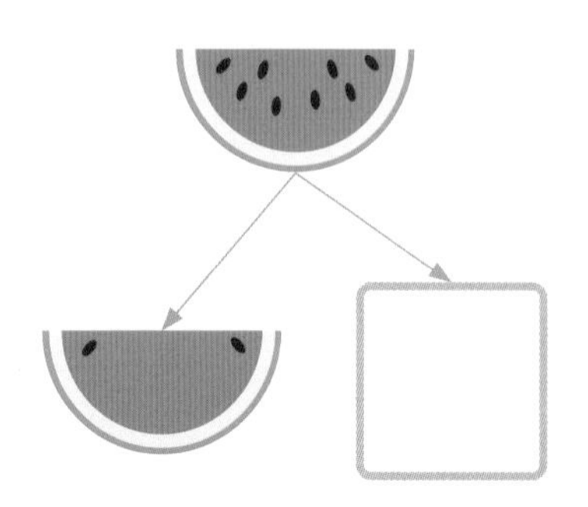

○ 안의 수를 가르기 하여 같은 색의 칸에 놓았어요. 빈칸에 알맞은 수를 써넣어 보세요.

추론

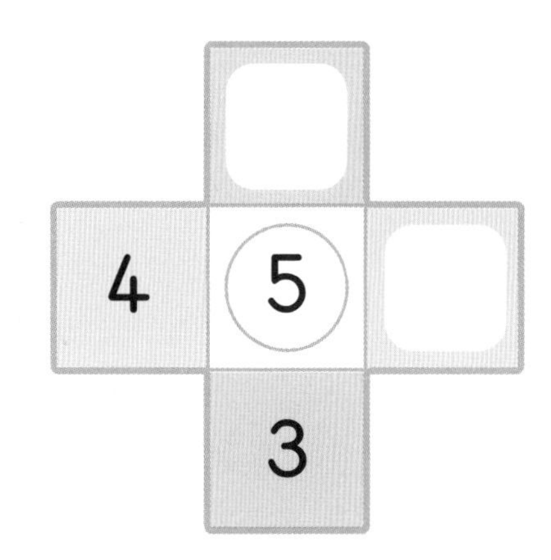


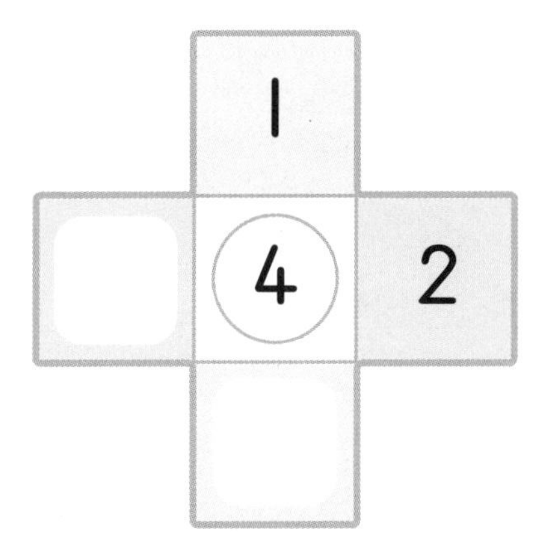


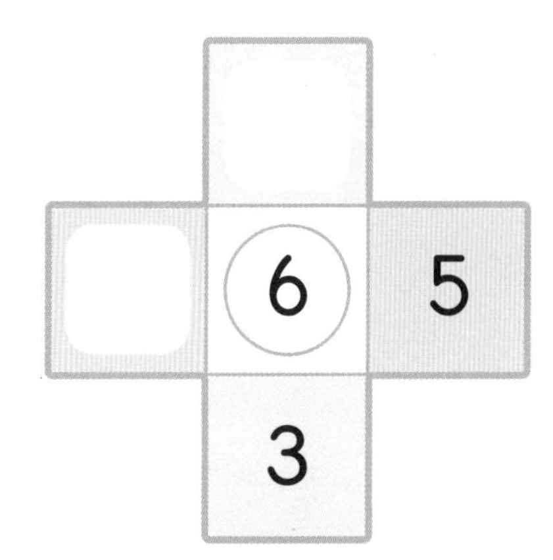


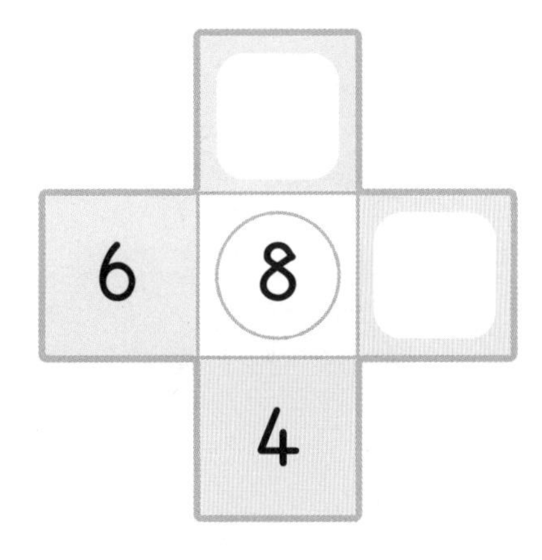


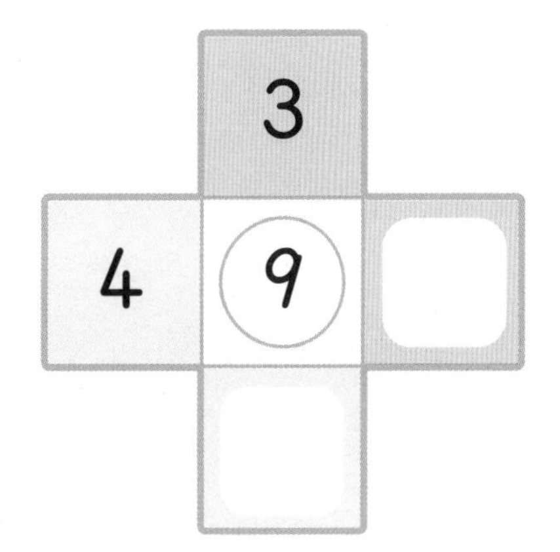

# 퍼즐 연산(2)

꽃잎이 떨어져서 몇 개만 남았어요. 떨어진 꽃잎의 수를 □ 안에 써넣어 보세요.

추론 창의·융합

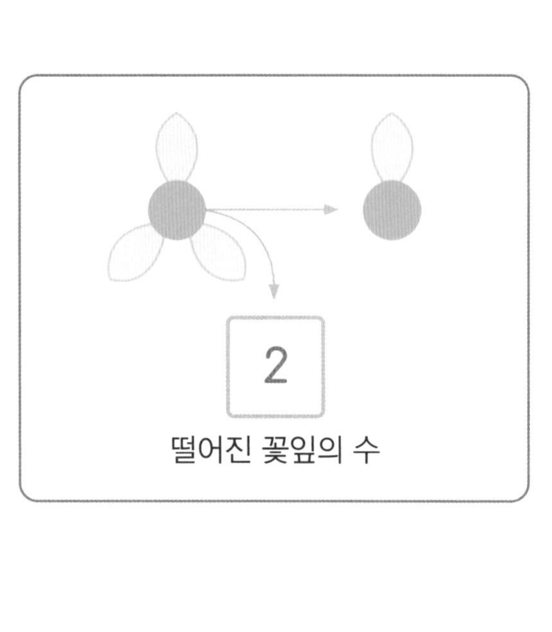


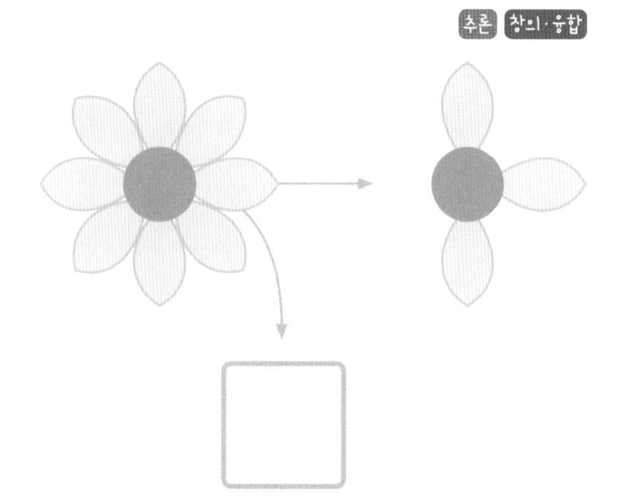

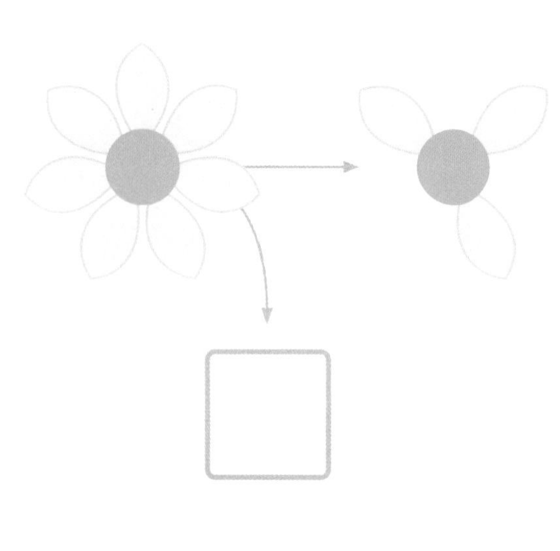

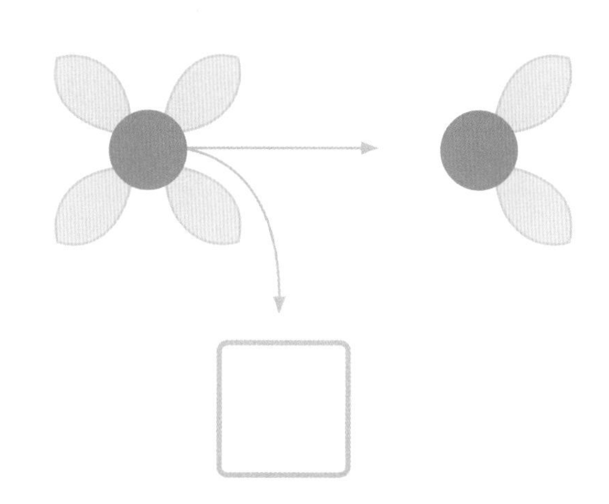

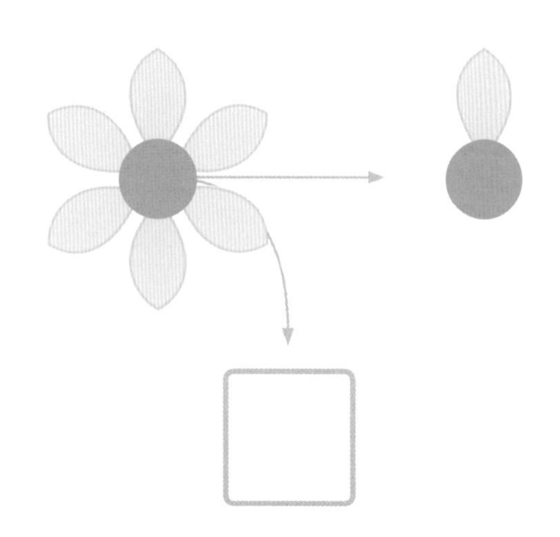

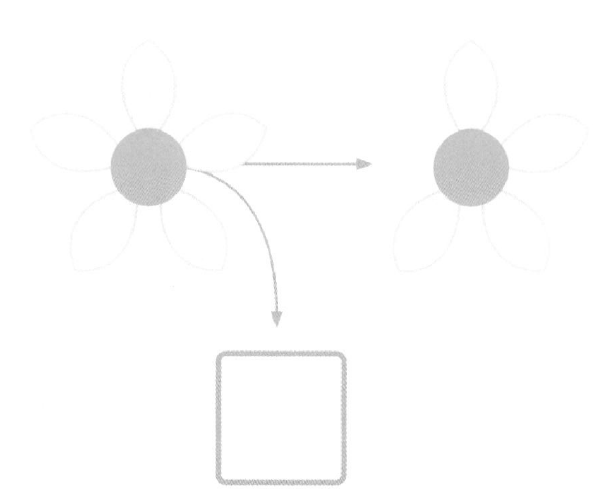

가르기 하여 □ 안에 알맞은 수를 써넣어 보세요.

추론 정보처리

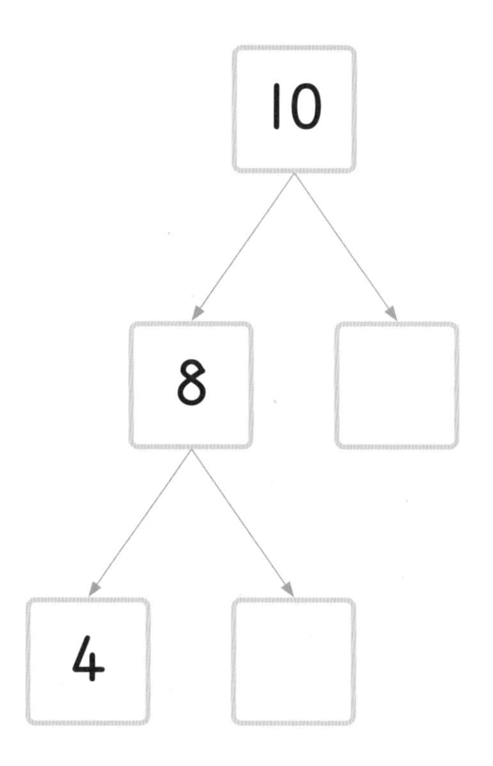


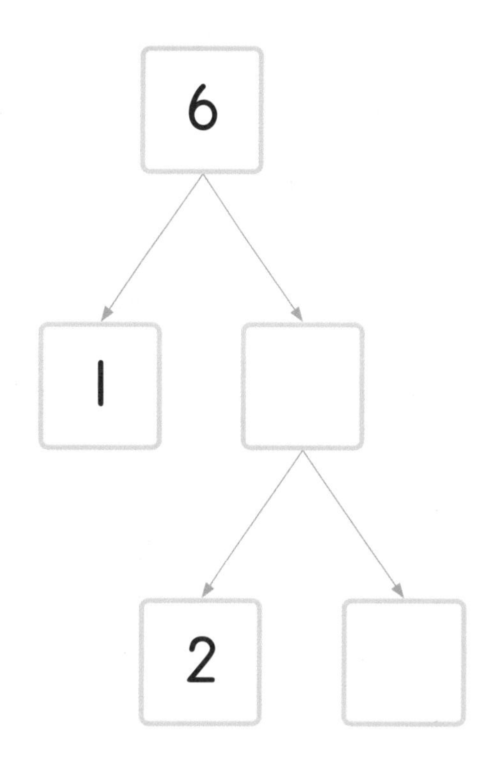


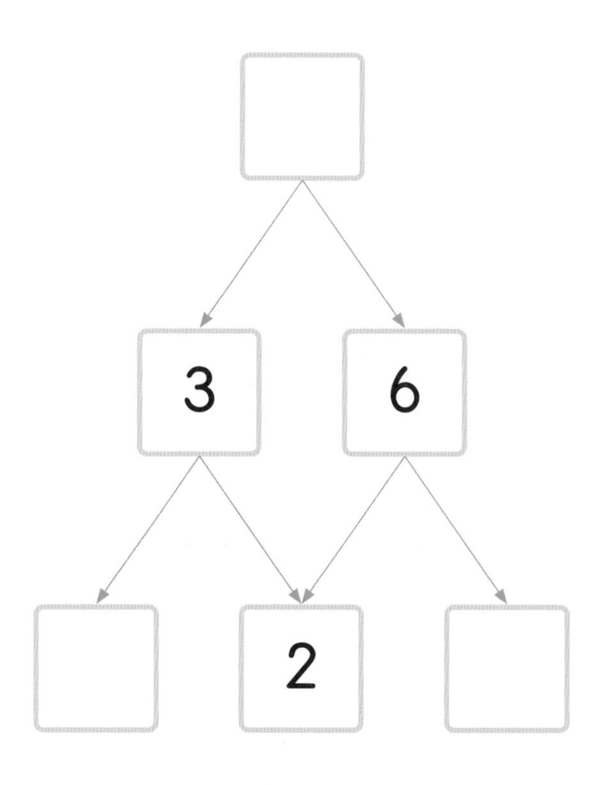


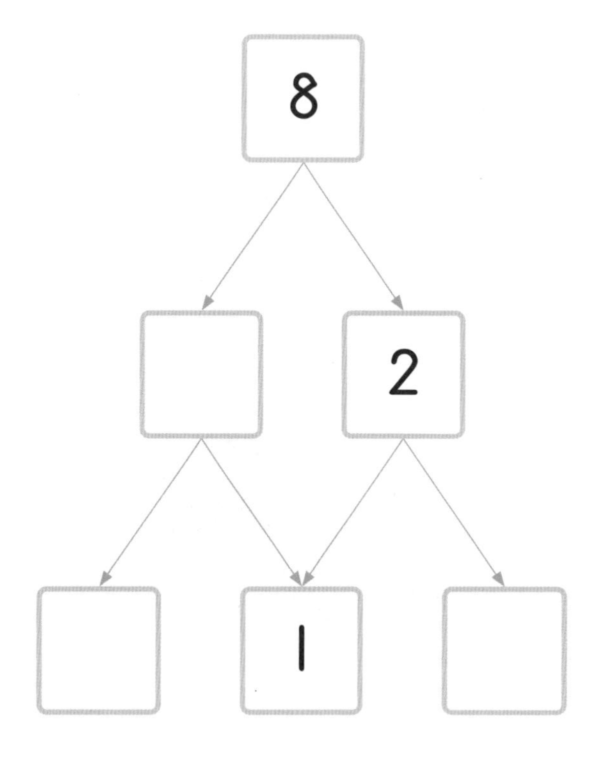

수를 모으고 가르는 상자가 있어요. ◯ 안에 알맞은 수를 써넣어 보세요. 추론 문제해결

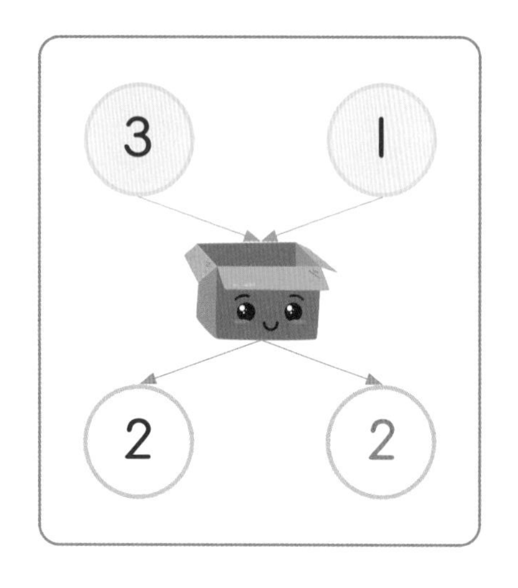


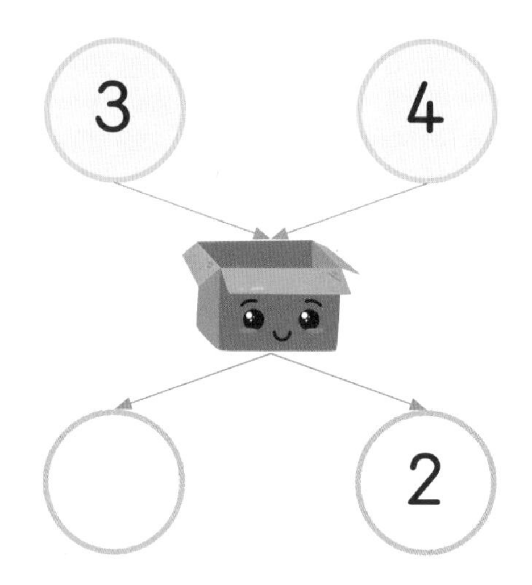


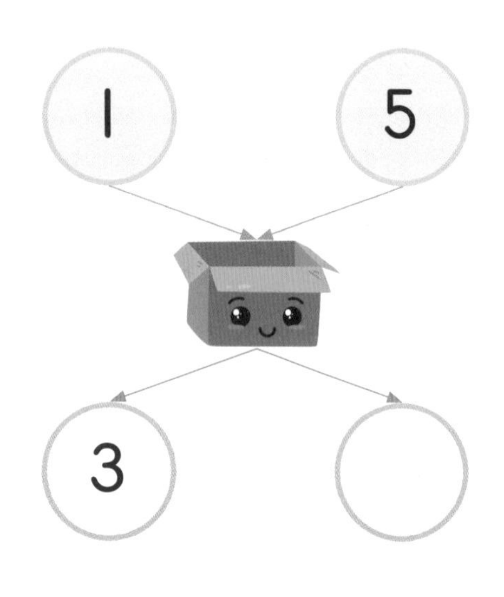


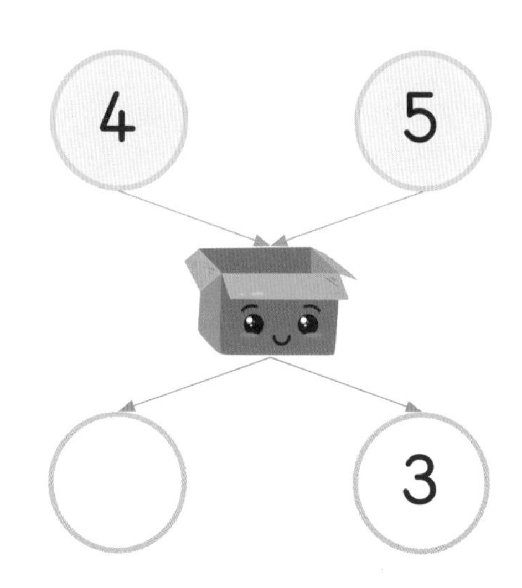


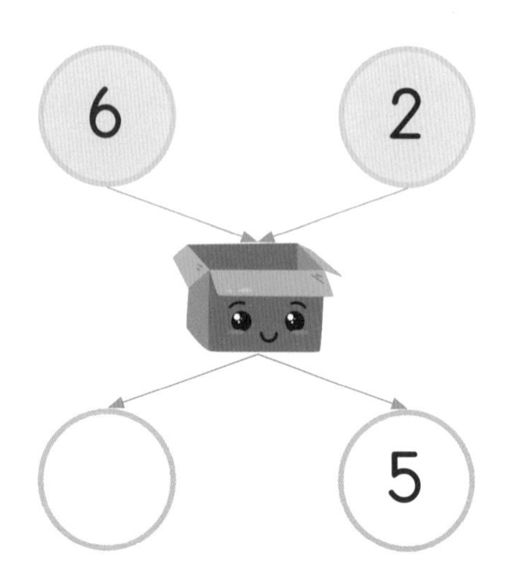


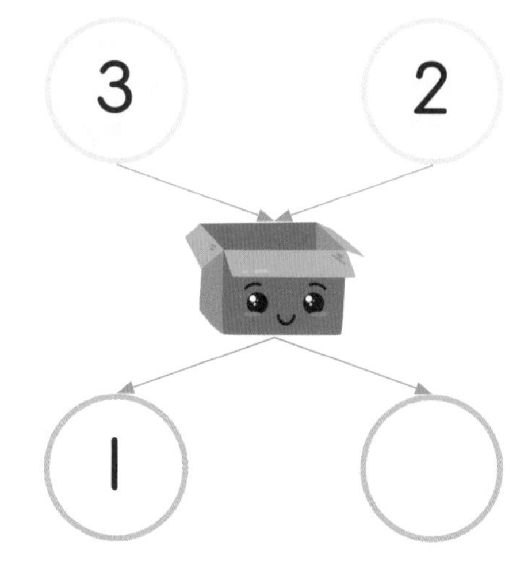

# 4 주차 더 작은 수

4주차에서는 구체물을 직접 세어 차이를 비교하거나 수의 순서를 통해 더 작은 수를 구하여 수의 양적 개념을 이해합니다. 또한 많고 적음을 수로 표현하고 비교하는 연습을 합니다.

# 양의 비교

원리 개수가 더 적은 것을 더 작은 수로 나타낼 수 있어요.

4 3

검은 고양이의 수가 더 적으므로 더 작은 수로 나타낼 수 있어요.

'많다'의 반댓말은 '적다'이고, '크다'의 반댓말은 '작다'임을 알게 해 주세요.

 고양이의 수를 세어 보고, 더 작은 수로 나타낼 수 있는 쪽에 ◯ 해 보세요. 

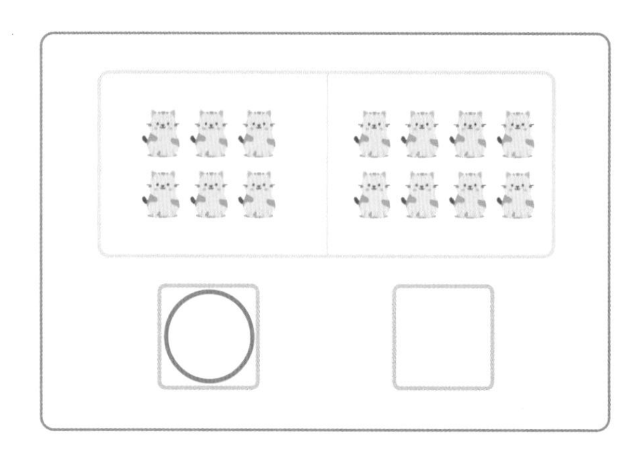

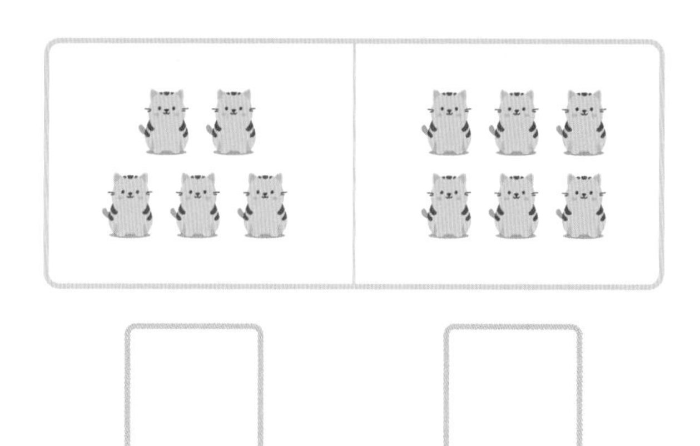

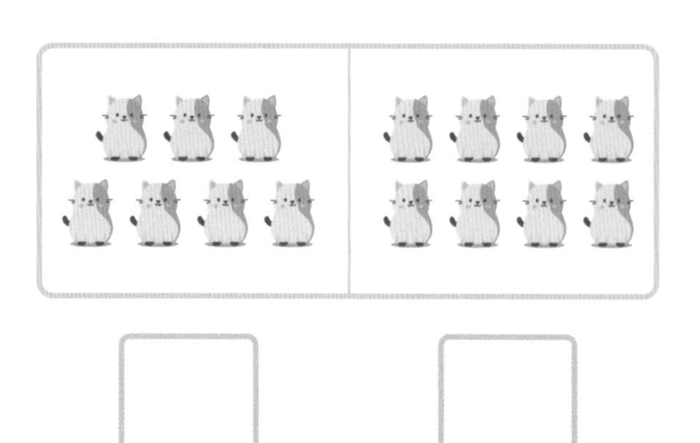

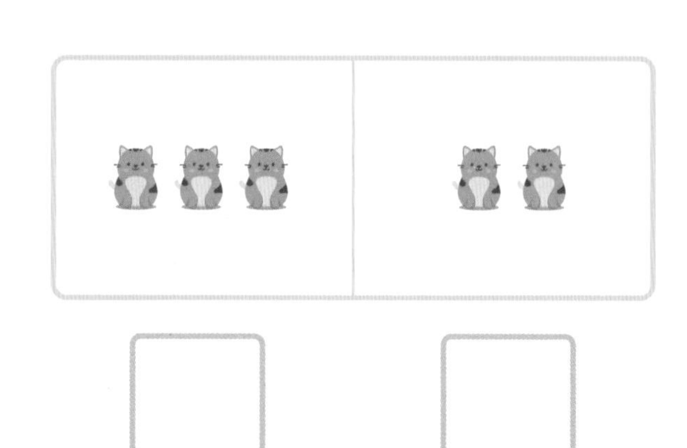

 모양이 적을수록 더 가벼워요. 더 가벼운 쪽에 ◯ 해 보세요. 

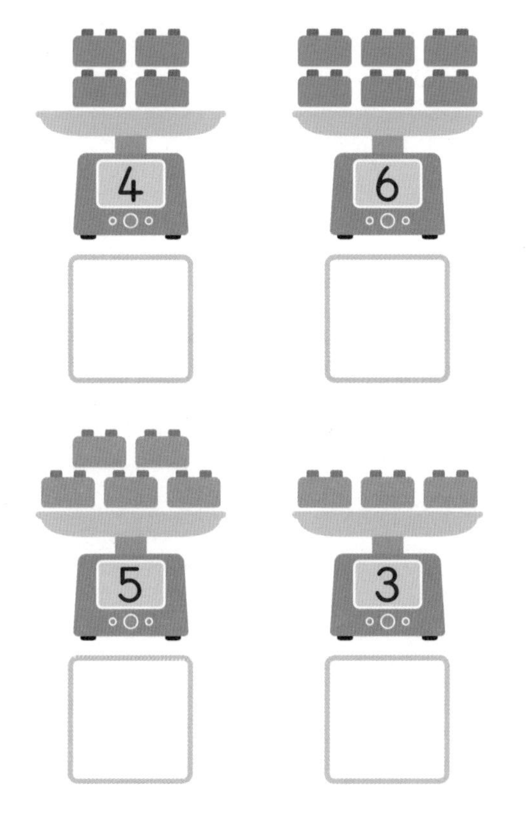


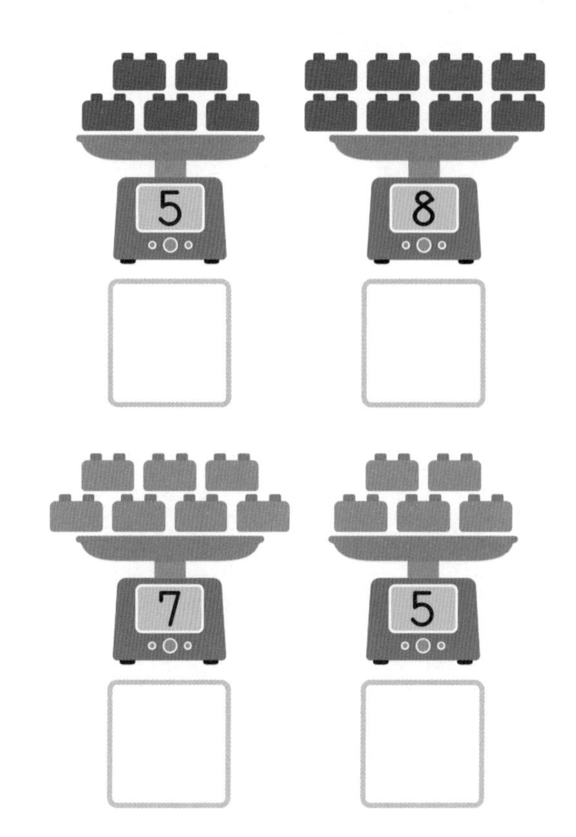

 컵의 물이 더 적은 쪽에 ◯ 해 보세요. 

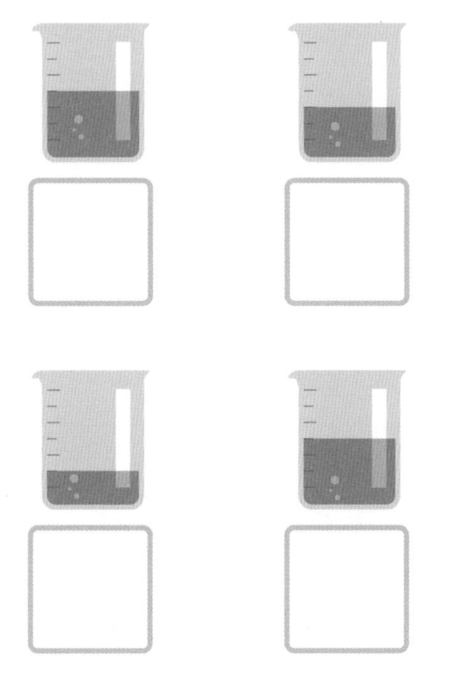

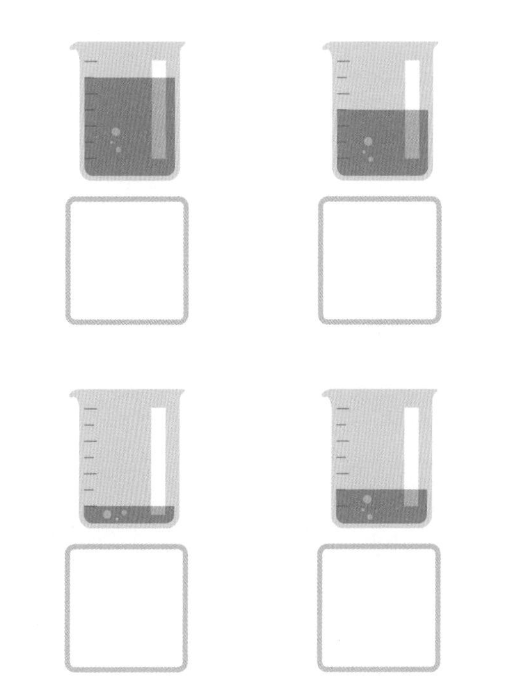

2 일차

# 두 수의 비교

원리 수를 순서대로 놓았을 때, 앞에 있는 수를 뒤에 있는 수보다 작은 수라고 해요.

| 1 | 2 | 3 | 4 | 5 | 6 | 7 | 8 | 9 | 10 |
|---|---|---|---|---|---|---|---|---|---|

3이 5보다 앞에 있으므로
3은 5보다 작은 수예요.

8이 7보다 뒤에 있고, 10보다 앞에 있으므로
8은 7보다 큰 수, 10보다는 작은 수예요.

수를 어떤 수와 비교하는지에 따라서 어떤 수보다 작은 수가 될 수도 있고, 큰 수가 될 수도 있어요.

수의 순서를 보고, 더 작은 수에 ○ 해 보세요.

| 1 | 2 | 3 | 4 | 5 | 6 | 7 | 8 | 9 | 10 |
|---|---|---|---|---|---|---|---|---|---|

6 (5)　　5 3　　7 8

4 3　　2 6　　4 1

8 9　　7 9　　10 9

월 일

 주어진 수보다 더 작은 수에 ◯ 해 보세요. 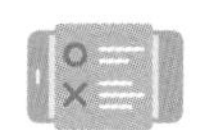

| 6 | | |
|---|---|---|
| 8 | (3) | 7 |

| 6 | | |
|---|---|---|
| 7 | 4 | 9 |

| 2 | | |
|---|---|---|
| 1 | 3 | 5 |

| 7 | | |
|---|---|---|
| 9 | 5 | 8 |

| 5 | | |
|---|---|---|
| 6 | 7 | 3 |

| 3 | | |
|---|---|---|
| 6 | 2 | 8 |

| 8 | | |
|---|---|---|
| 6 | 9 | 10 |

| 6 | | |
|---|---|---|
| 8 | 5 | 9 |

| 4 | | |
|---|---|---|
| 10 | 7 | 3 |

| 5 | | |
|---|---|---|
| 8 | 3 | 9 |

| 6 | | |
|---|---|---|
| 4 | 8 | 7 |

| 5 | | |
|---|---|---|
| 7 | 2 | 8 |

# 3 일차 가장 작은 수

원리 수를 순서대로 놓았을 때, 맨 앞에 놓인 수가 가장 작은 수가 돼요.

3, 4, 5, 6 중에서 가장 작은 수는 3이에요.

작은 수부터 순서대로 쓰고, 그중에서 가장 작은 수를 써넣어 보세요.

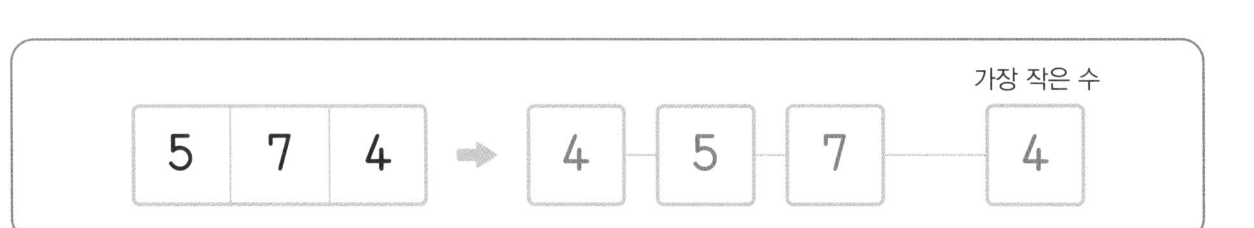


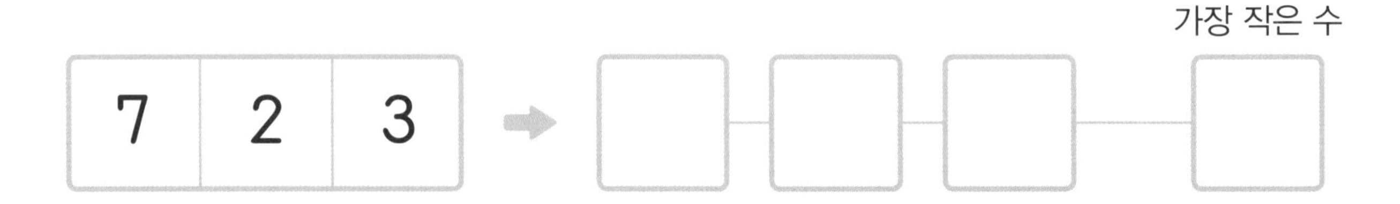


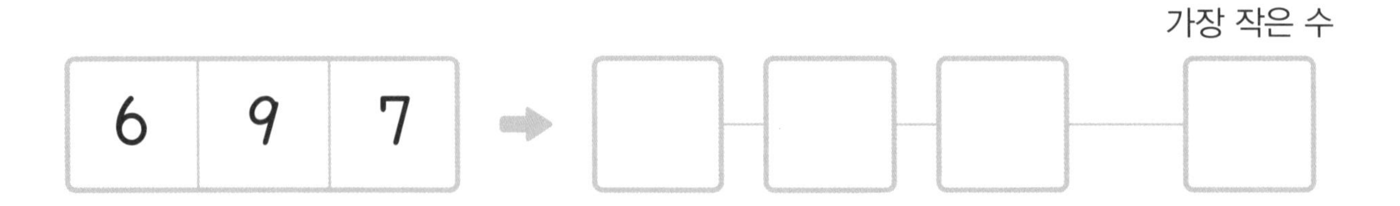

월 일

주어진 세 수 중에서 가장 작은 수에 ◯ 해 보세요. 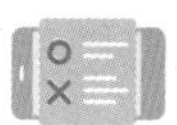

| 4 | 5 | (2) |
|---|---|---|

| 5 | 3 | 4 |
|---|---|---|

| 7 | 6 | 4 |
|---|---|---|

| 9 | 8 | 7 |
|---|---|---|

| 1 | 5 | 3 |
|---|---|---|

| 6 | 10 | 8 |
|---|---|---|

| 8 | 6 | 9 |
|---|---|---|

| 6 | 8 | 10 |
|---|---|---|

| 5 | 3 | 6 |
|---|---|---|

| 1 | 2 | 4 |
|---|---|---|

| 8 | 6 | 5 |
|---|---|---|

| 4 | 2 | 5 |
|---|---|---|

| 7 | 4 | 8 |
|---|---|---|

| 5 | 6 | 7 |
|---|---|---|

| 8 | 10 | 9 |
|---|---|---|

| 9 | 8 | 6 |
|---|---|---|

| 8 | 5 | 6 |
|---|---|---|

| 7 | 6 | 3 |
|---|---|---|

# 퍼즐 연산(1)

더 작은 수 카드를 뽑은 동물에게 사탕 붙임딱지를 붙여 보세요.  추론

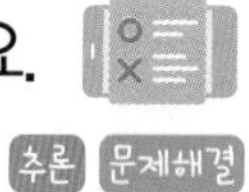

퍼즐 조각 몇 개를 잃어버렸어요. 조각을 더 많이 잃어버린 쪽에 ◯ 해 보세요.

추론 문제해결

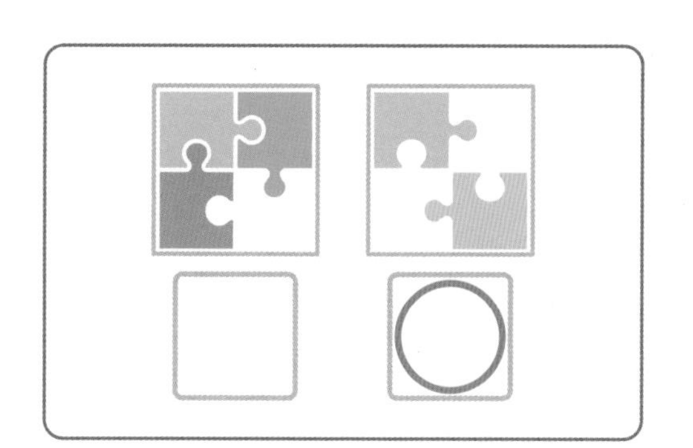

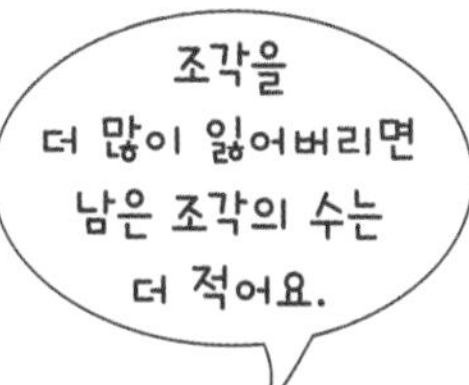


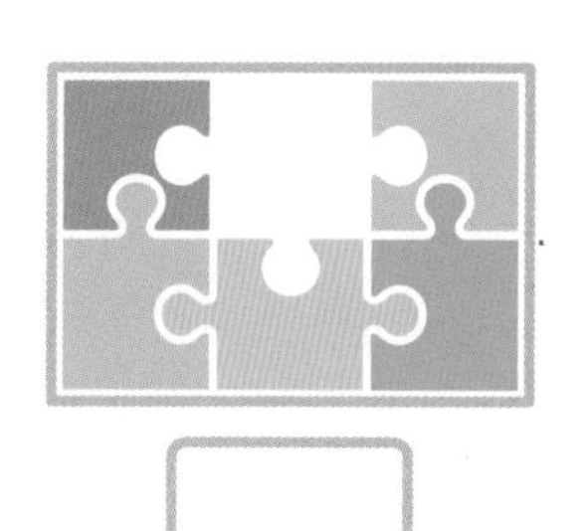

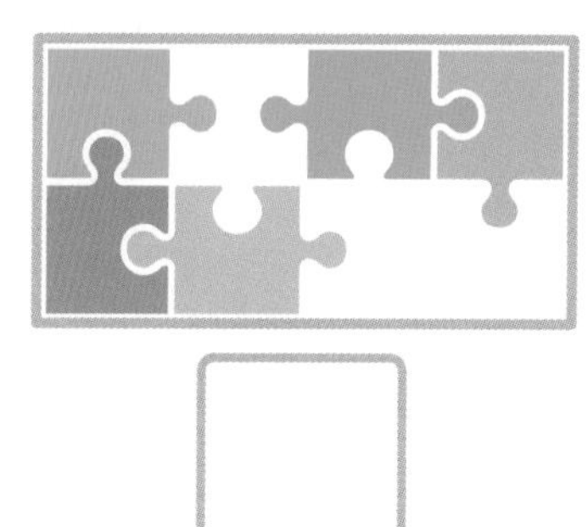

# 퍼즐 연산(2)

각 모양의 가장 작은 수끼리 연결해 보세요.

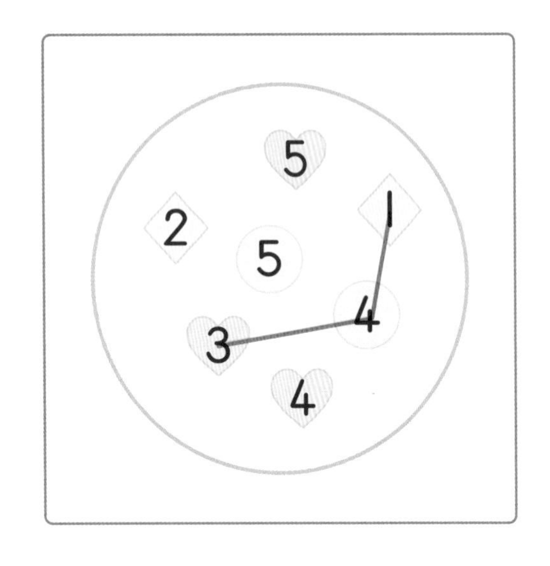


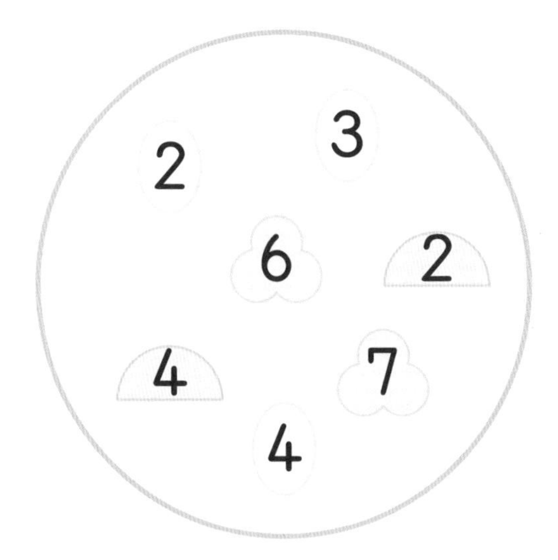


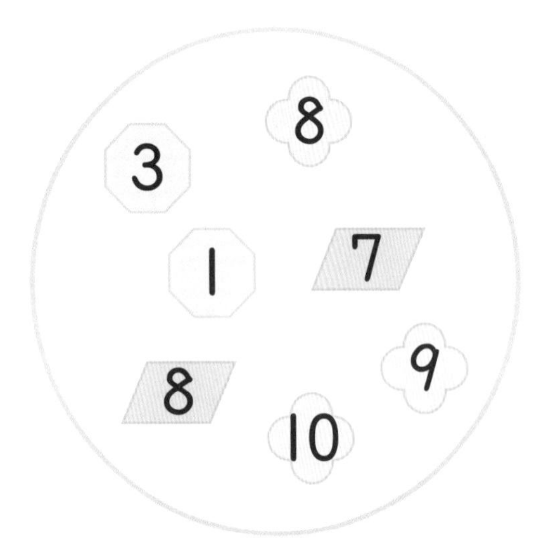

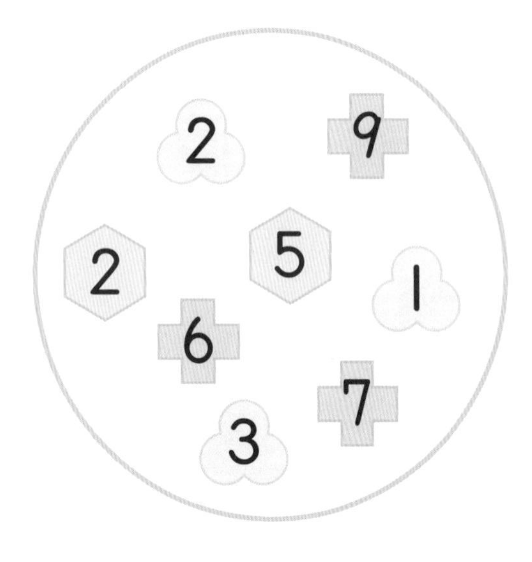


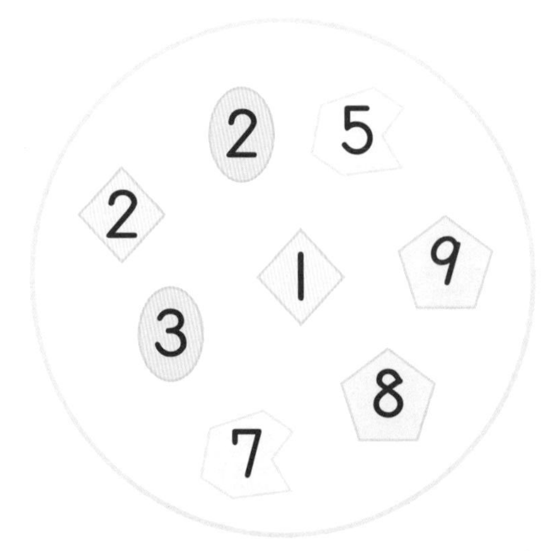

초록 모자에 공을 넣으면 더 큰 수가 나오고, 파란 모자에 공을 넣으면 더 작은 수가 나와요. 모자에 넣은 공의 수를 □ 안에 써넣어 보세요. 추론 문제해결

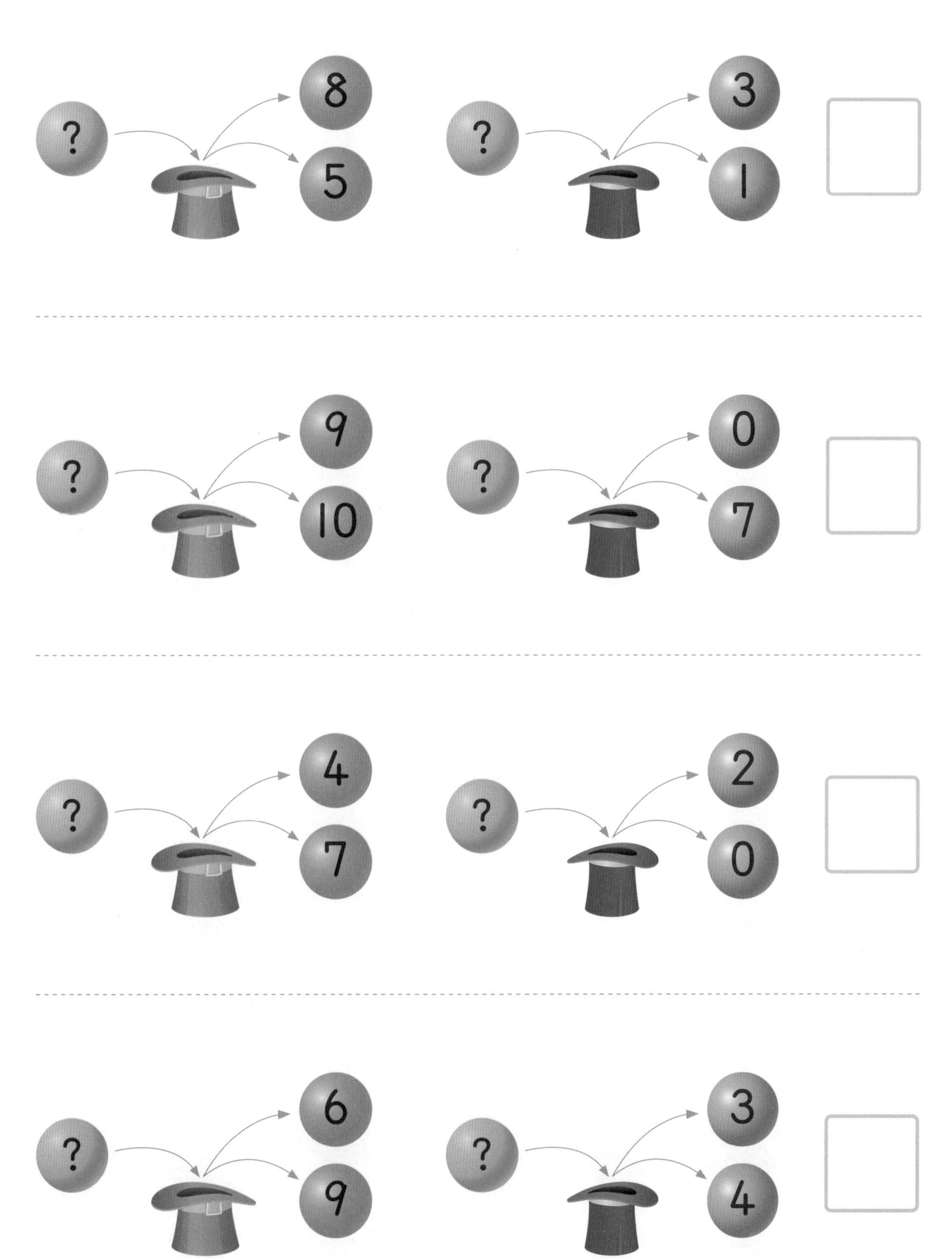

갈림길이 나오면 가장 작은 수를 따라 집으로 가는 길을 선으로 그어 보세요.

추론 창의·융합

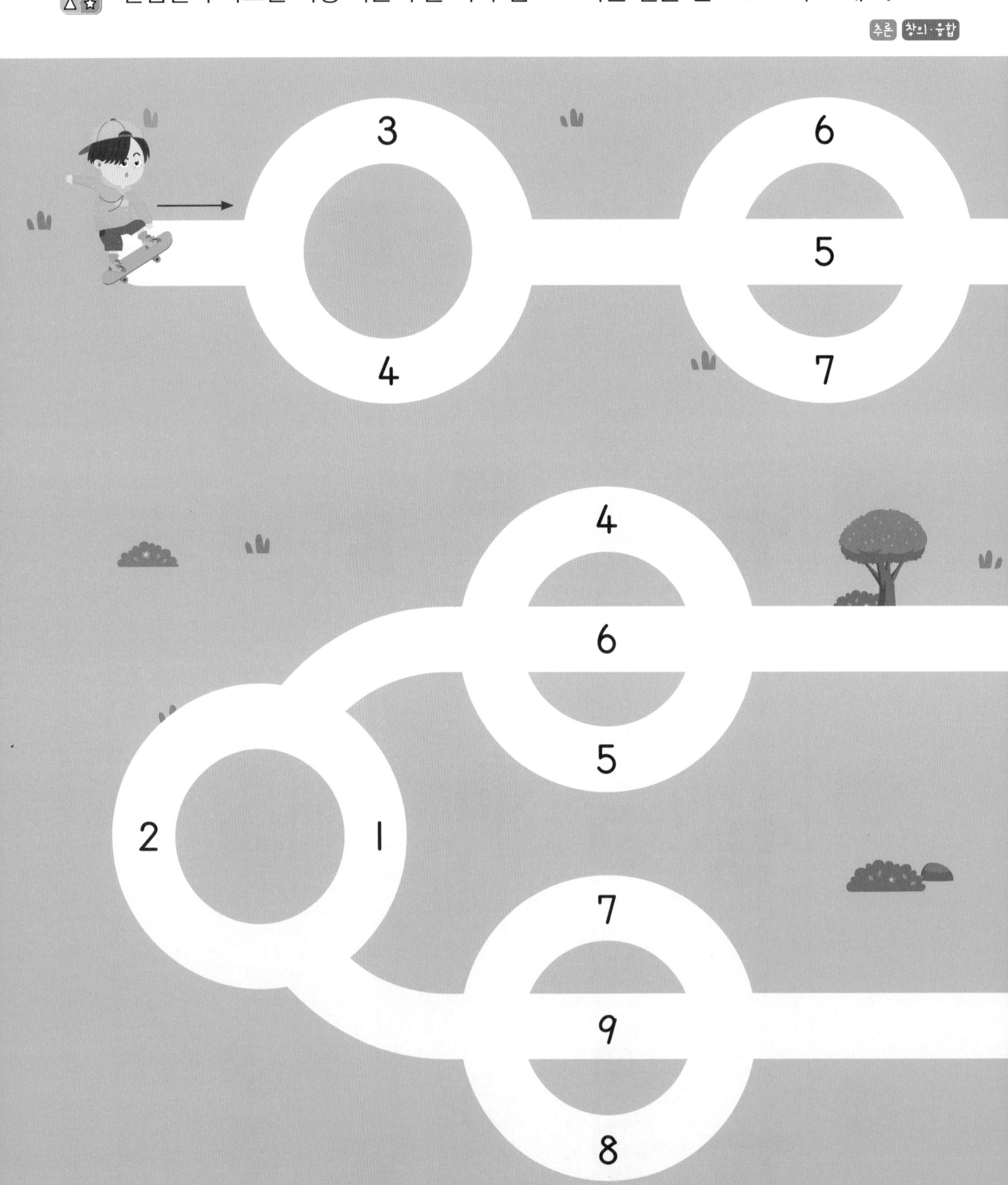

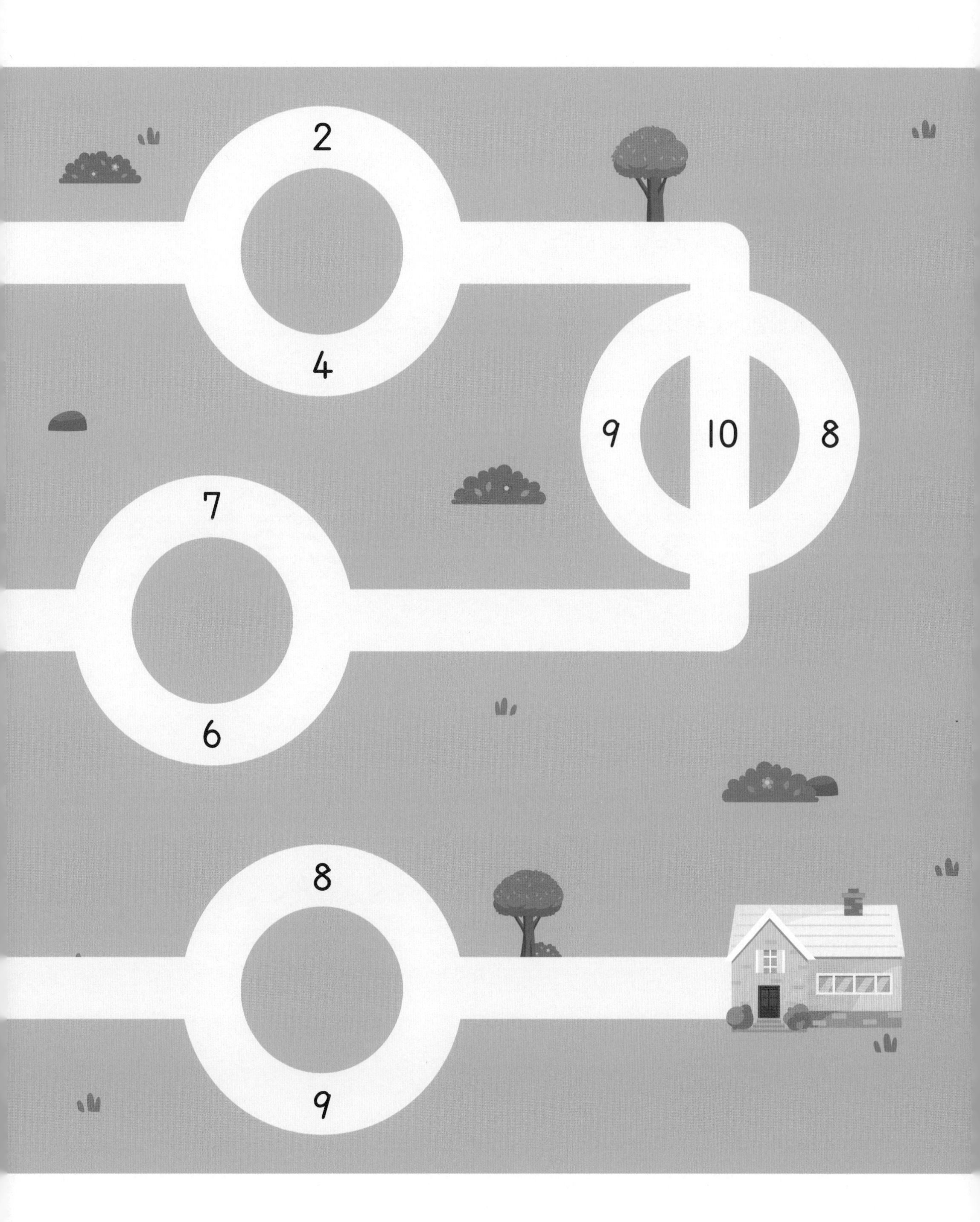
2
4
9
10
8
7
6
8
9

# 생각을 모아요! 퍼팩 사고력

규칙에 따라 수 카드 놀이를 해요. 가장 마지막에 나오는 카드의 수를 □ 안에 써넣어 보세요.

추론 문제해결

(1) 수 카드의 앞(파랑)과 뒤(빨강)에는 서로 다른 수가 있어요.

(2) A 카드와 B 카드를 위, 아래로 놓아요.

(3) 색이 다르면 작은 수를 뒤집고, 색이 같으면 큰 수를 뒤집어요.

(4) 배열이 같은 카드가 두 번째 나오면 놀이가 끝나요.

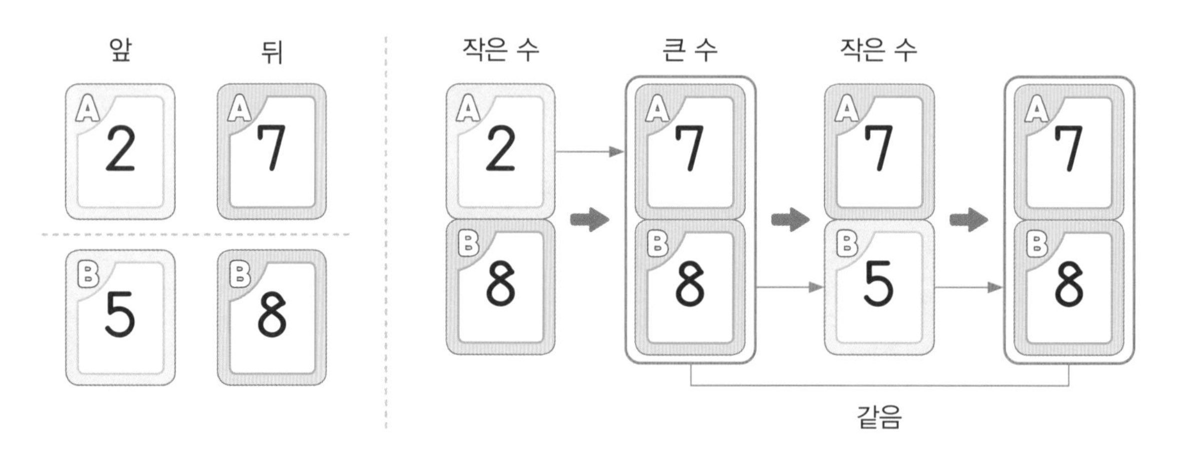


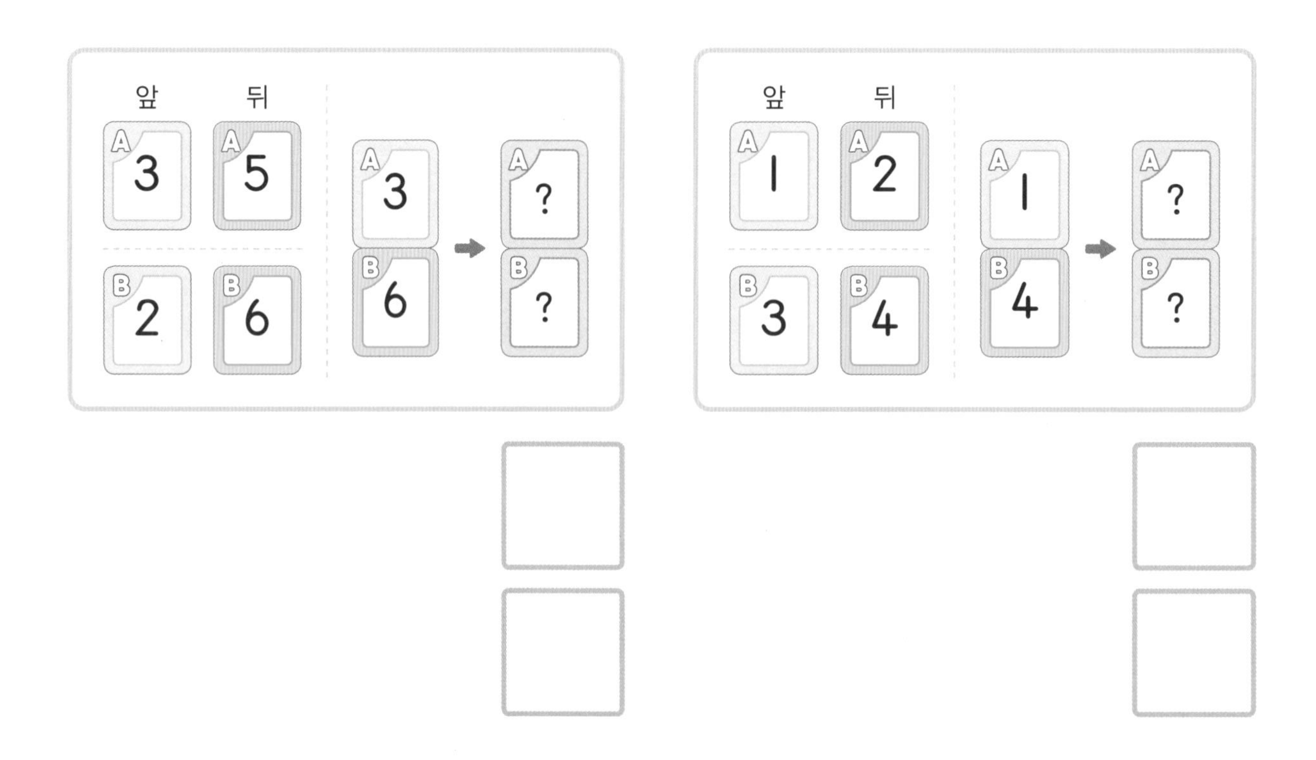

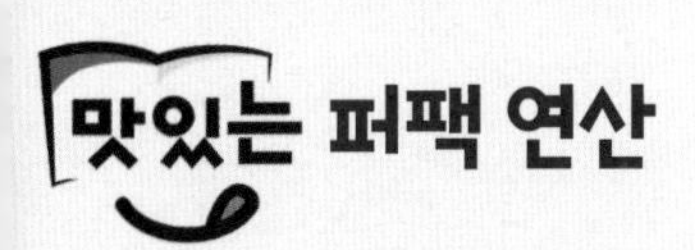

한 주 동안 배운 내용 한 번 더 연습!

# 집중! 드릴 연산

- 1주차 빼기 1
- 2주차 빼기 2, 빼기 3
- 3주차 10까지의 수 가르기
- 4주차 더 작은 수

# 1 주차 빼기 1

빈칸에 들어갈 알맞은 수에 ◯ 해 보세요.

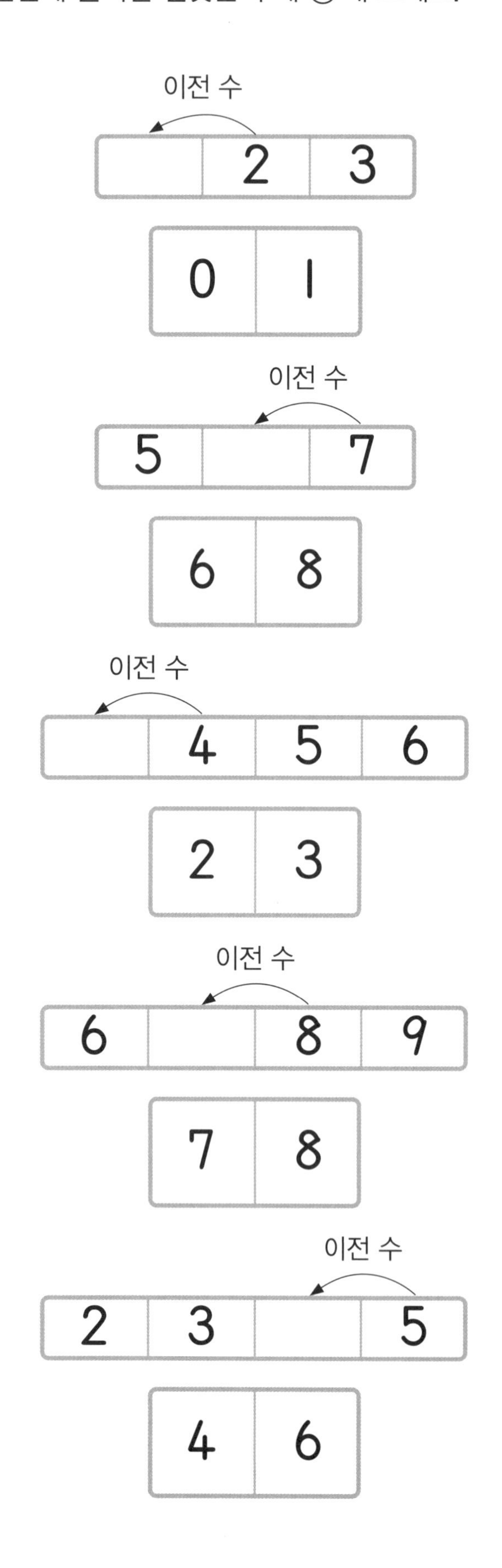


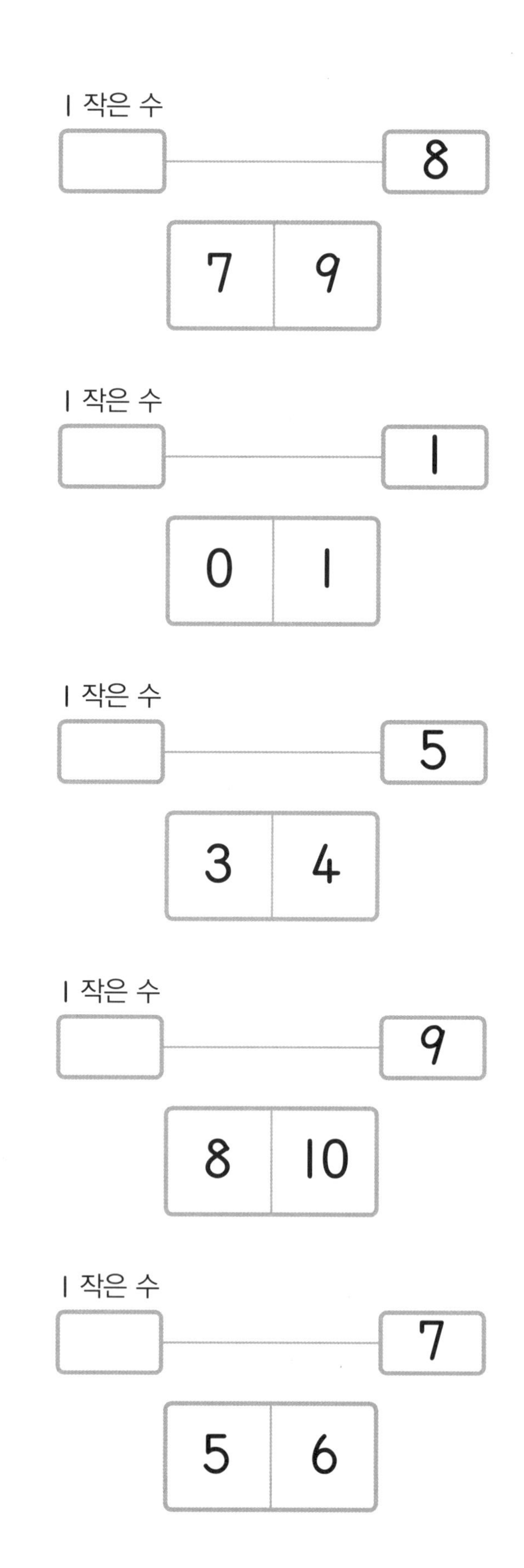

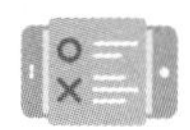

□ 안에 알맞은 수를 써넣어 보세요.

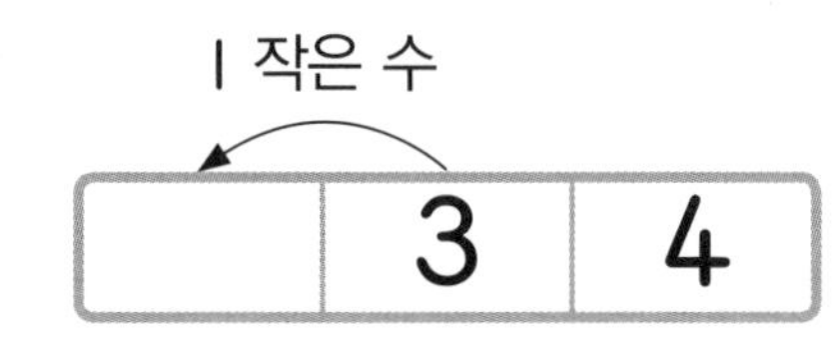


$3 - 1 = \square$

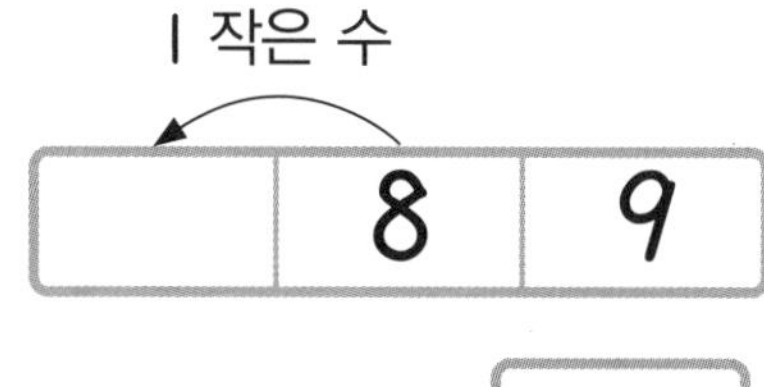


$8 - 1 = \square$

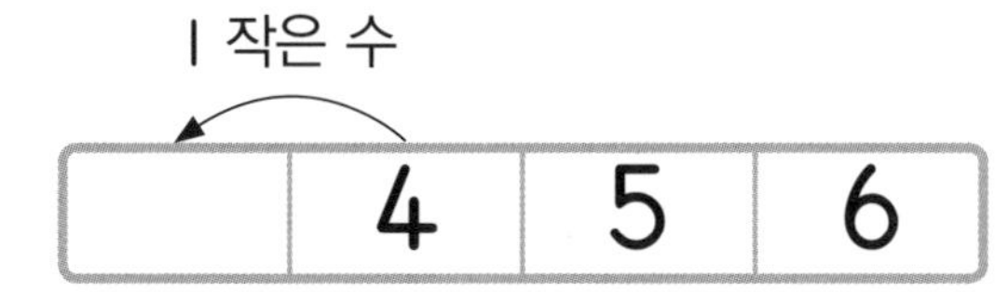


$4 - 1 = \square$

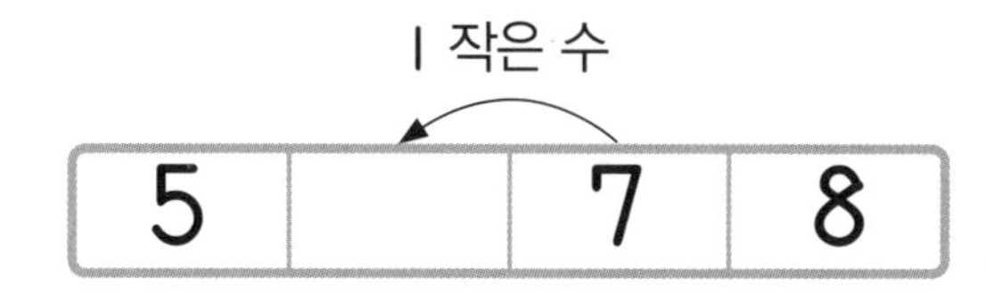


$7 - 1 = \square$

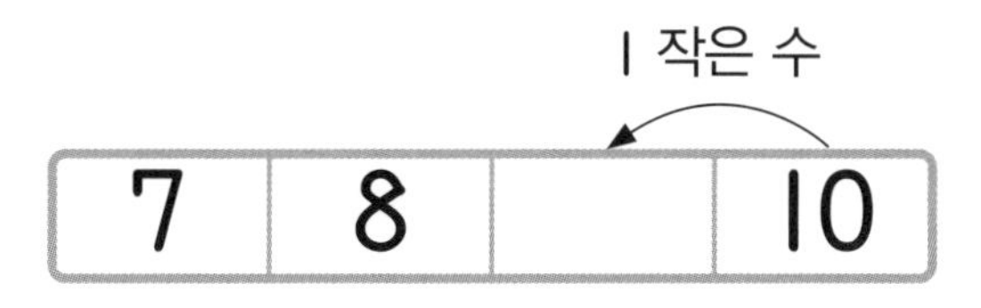


$10 - 1 = \square$

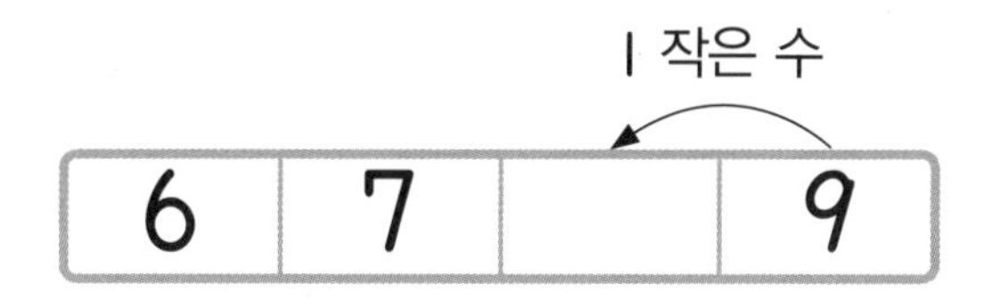


$9 - 1 = \square$

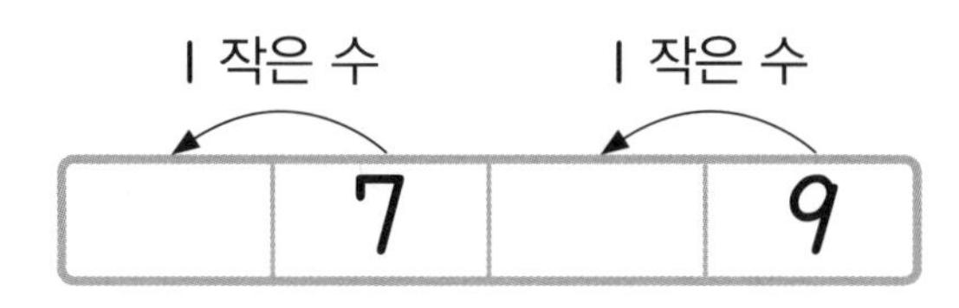


$9 - 1 = \square$

$7 - 1 = \square$

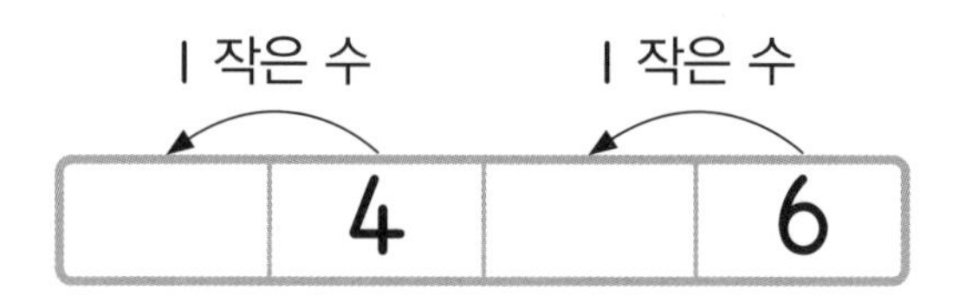


$6 - 1 = \square$

$4 - 1 = \square$

# 빼기 2, 빼기 3

빈칸에 들어갈 알맞은 수에 ◯해 보세요.

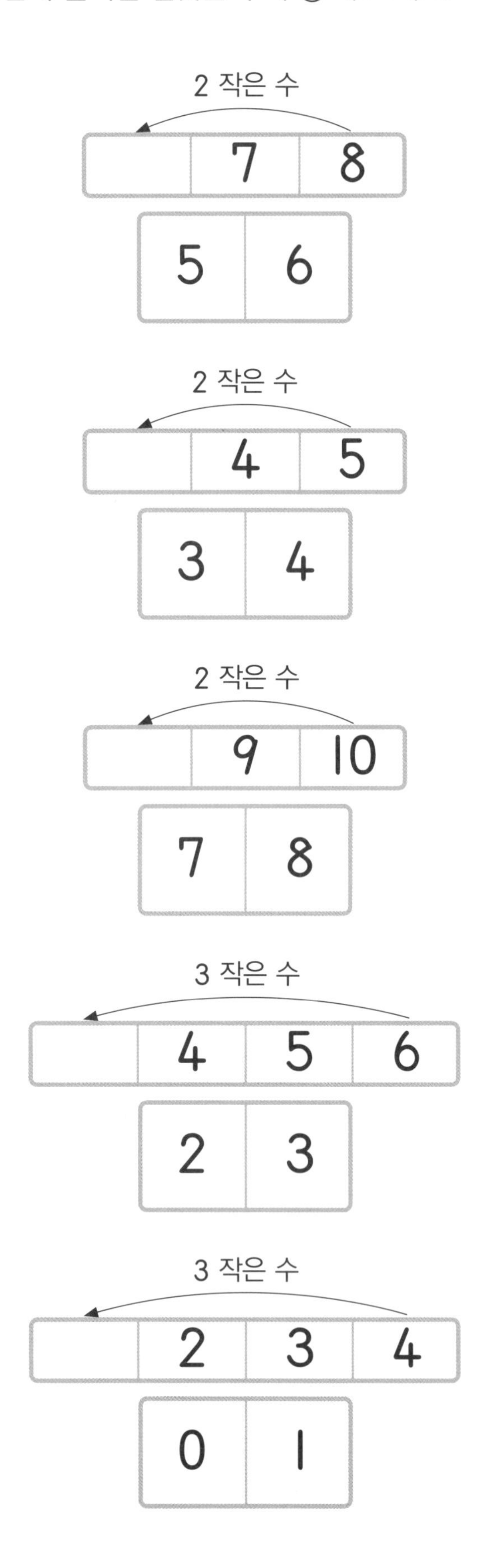


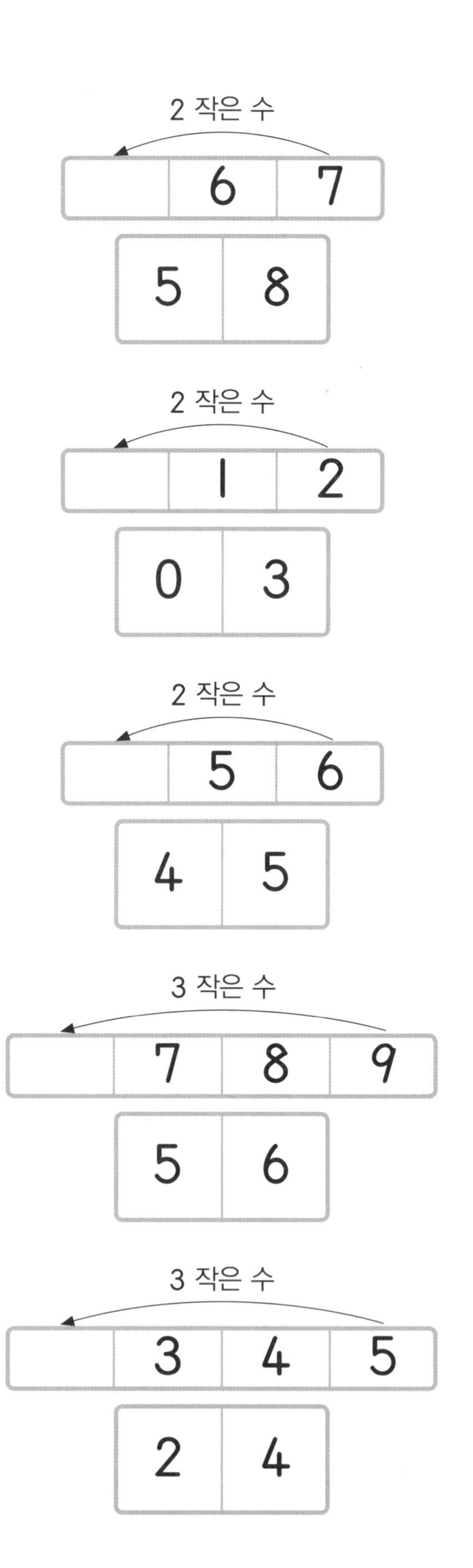

□ 안에 알맞은 수를 써넣어 보세요.

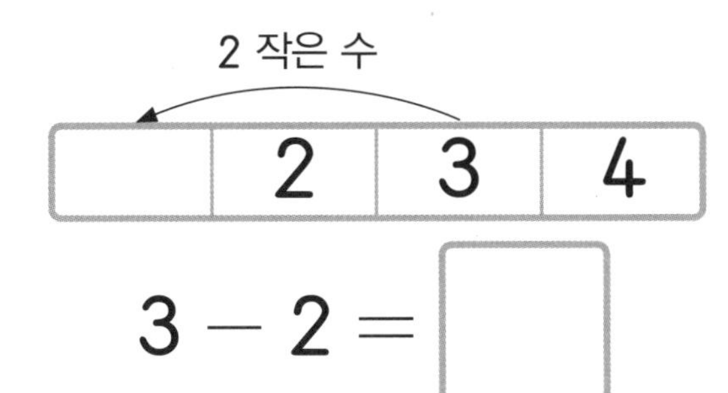


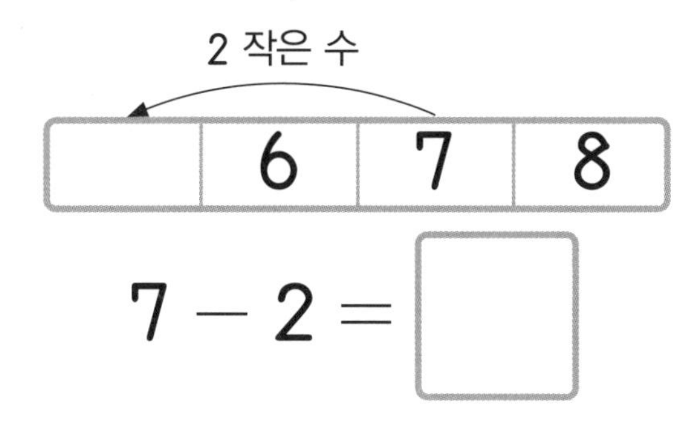


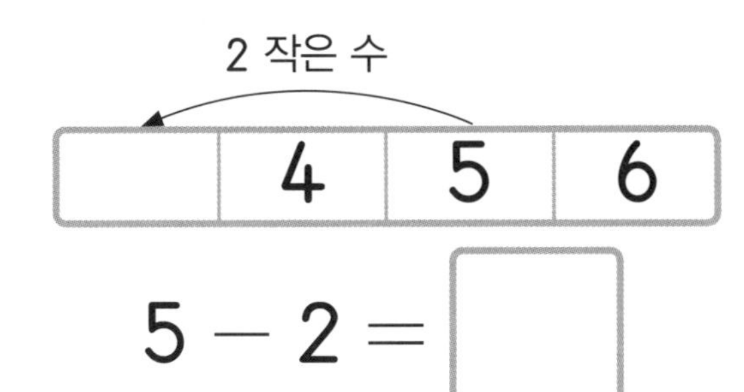


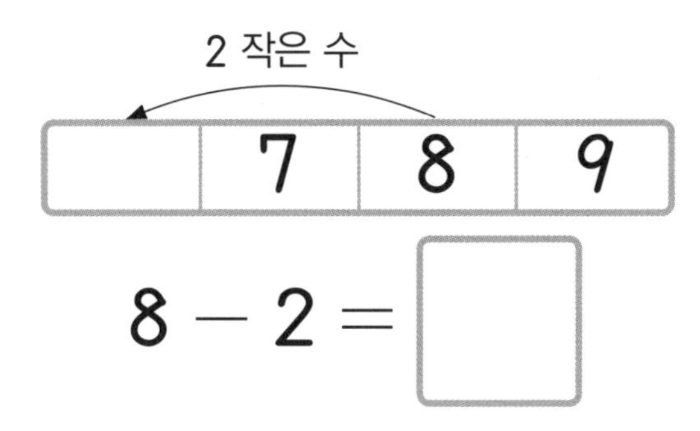


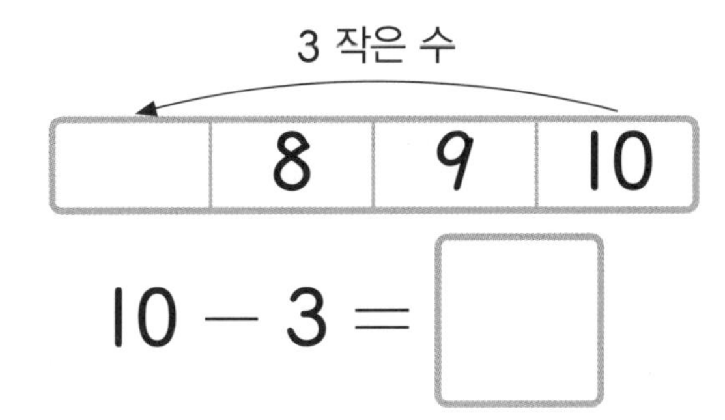


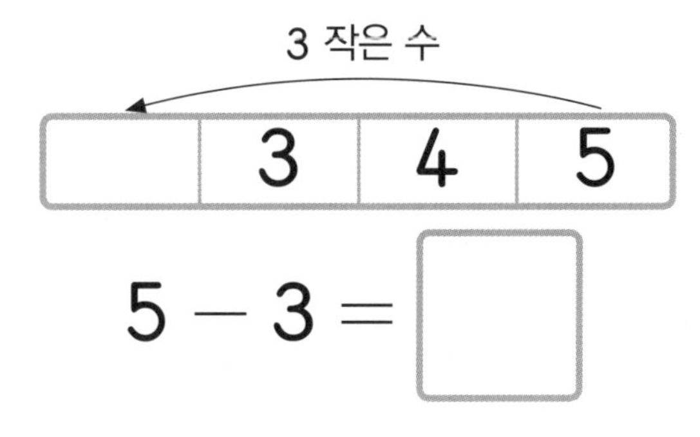


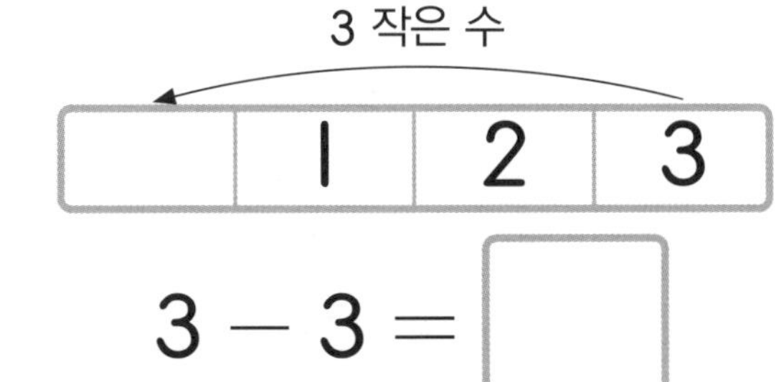


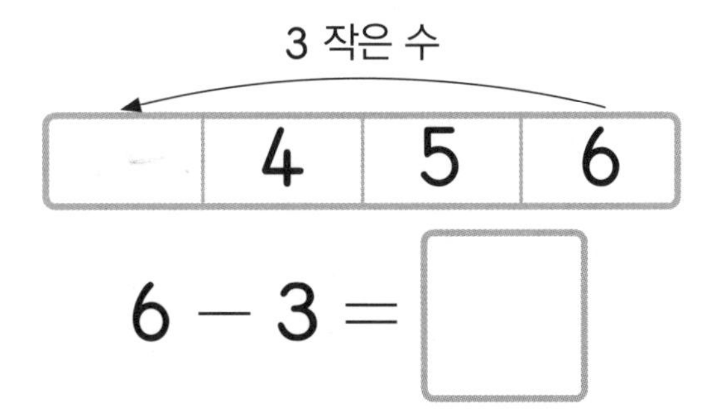


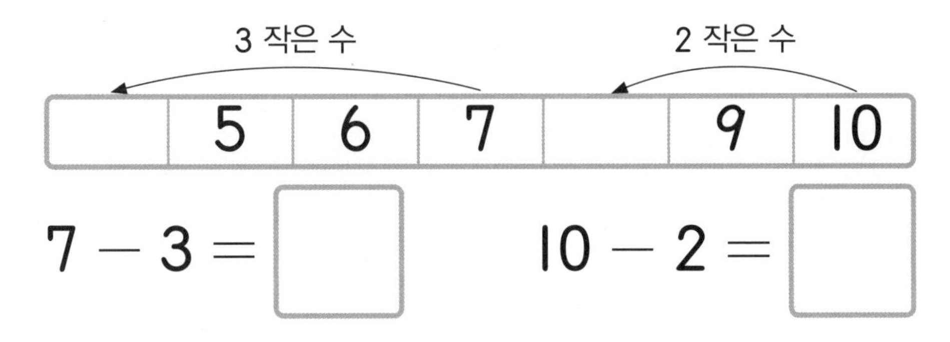

## 3 주차 10까지의 수 가르기

두 묶음으로 가른 모양의 수를 세어 □ 안에 써넣어 보세요.

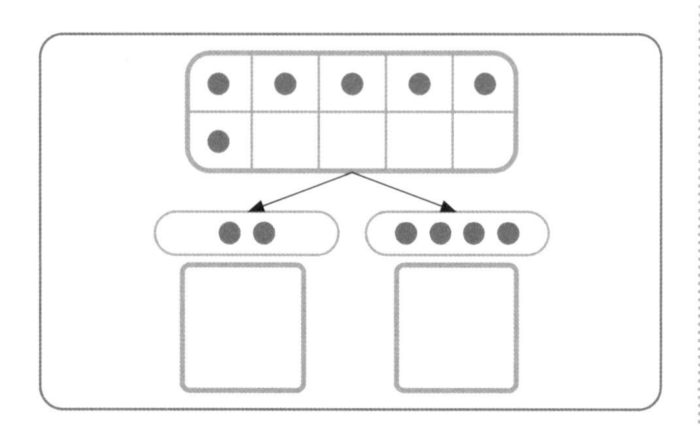

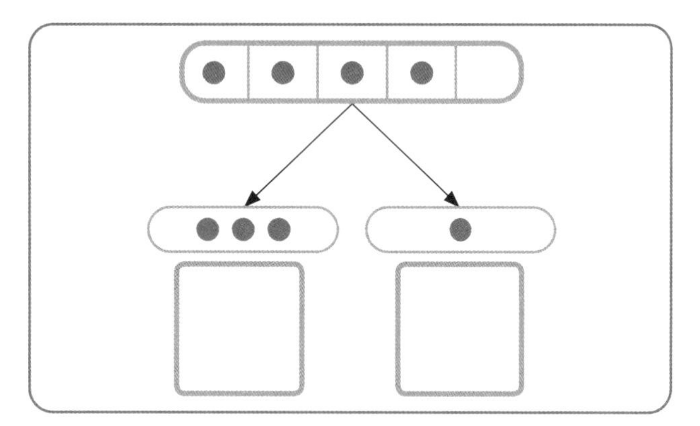

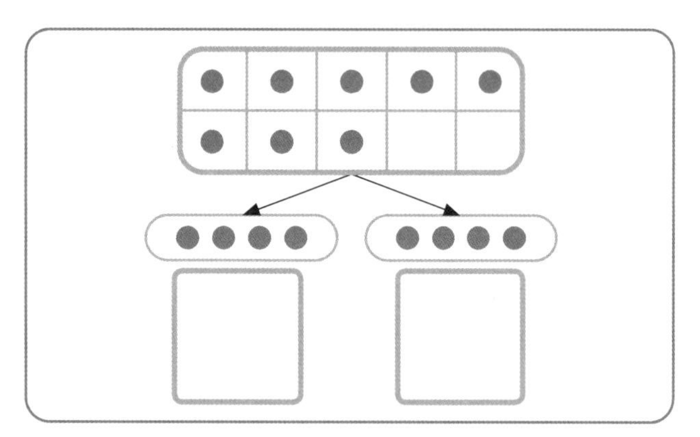

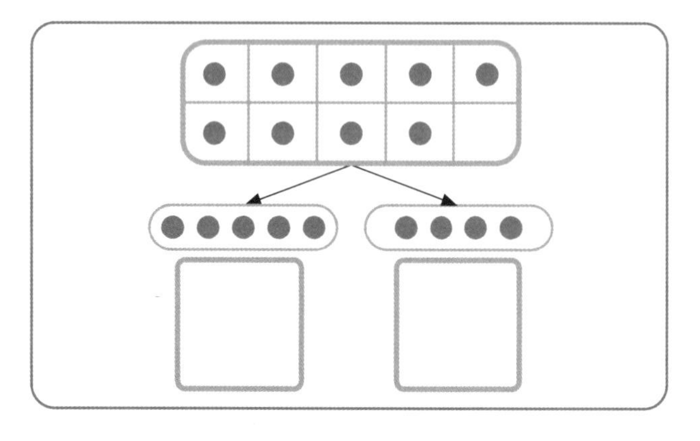

수를 갈라 □ 안에 써넣어 보세요.

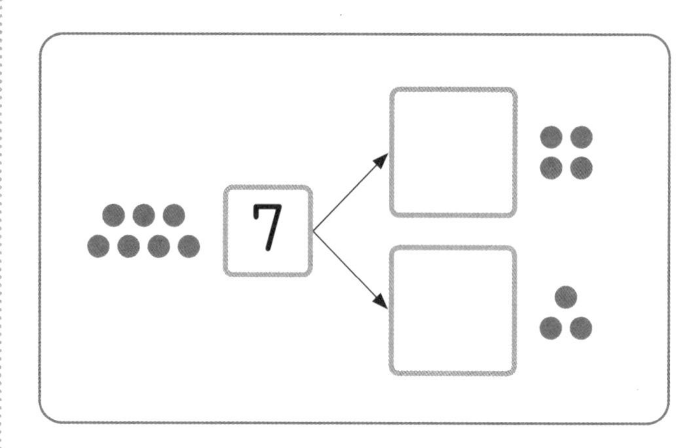


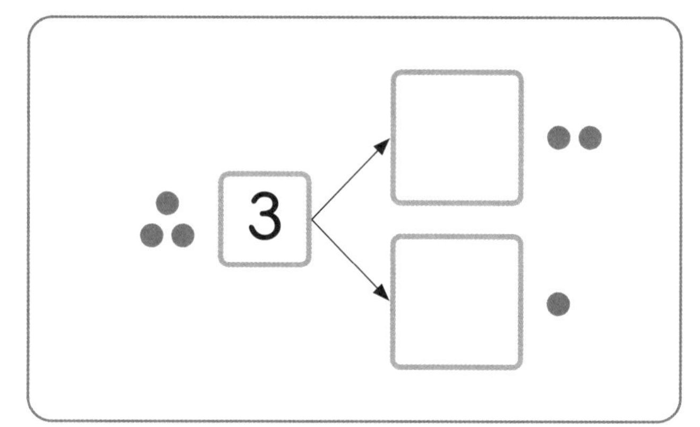


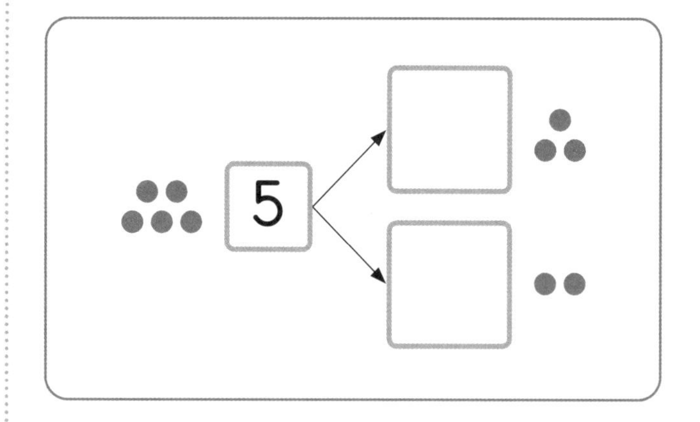


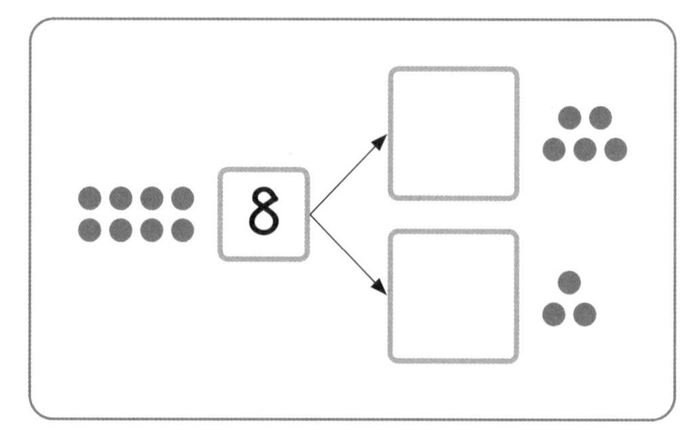

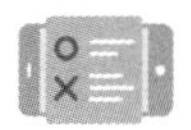

수를 똑같게 가르기 하여 ▢ 안에 써넣어 보세요.

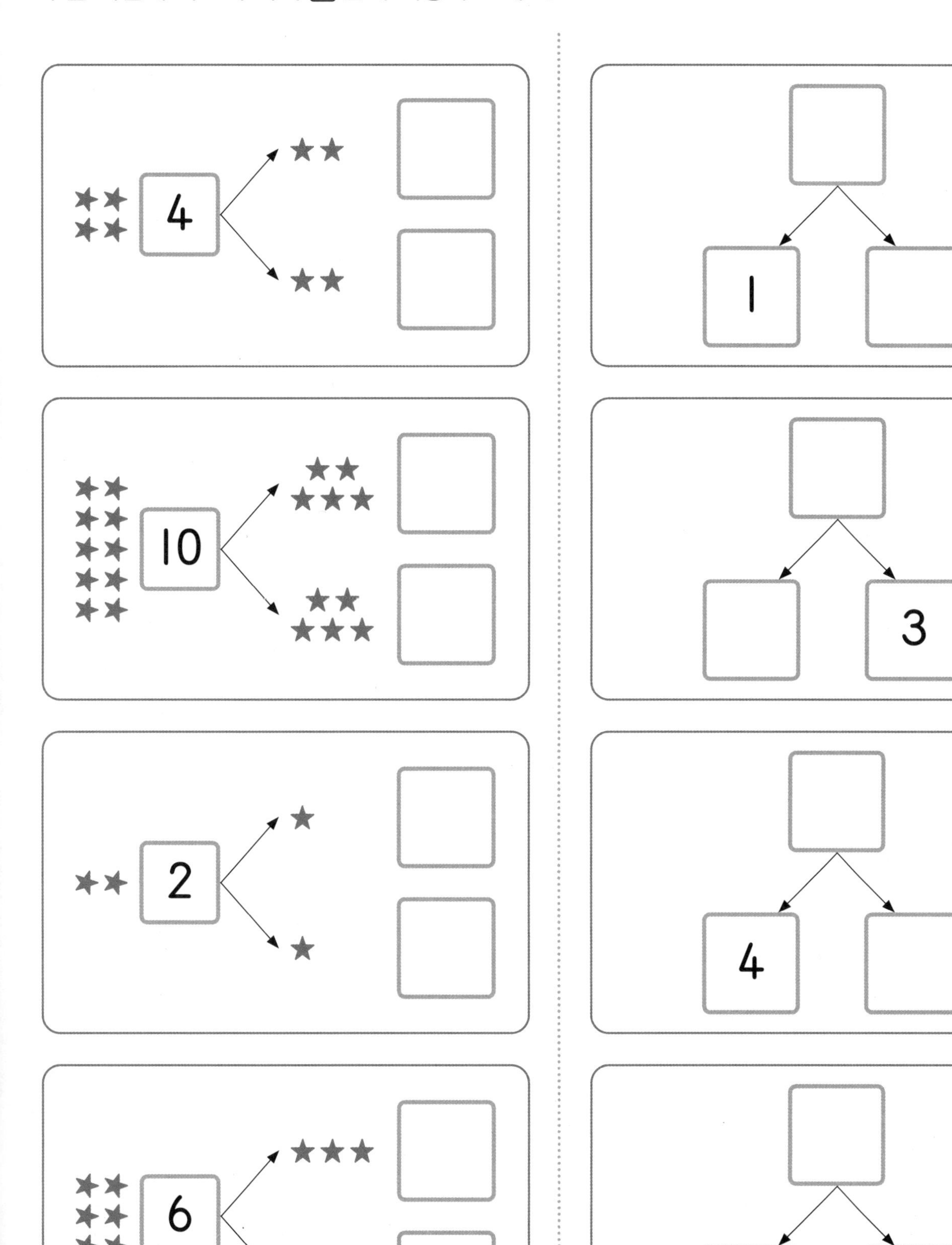

# 더 작은 수

모양의 수를 세어 보고, 더 작은 수로 나타낼 수 있는 쪽에 ◯ 해 보세요.

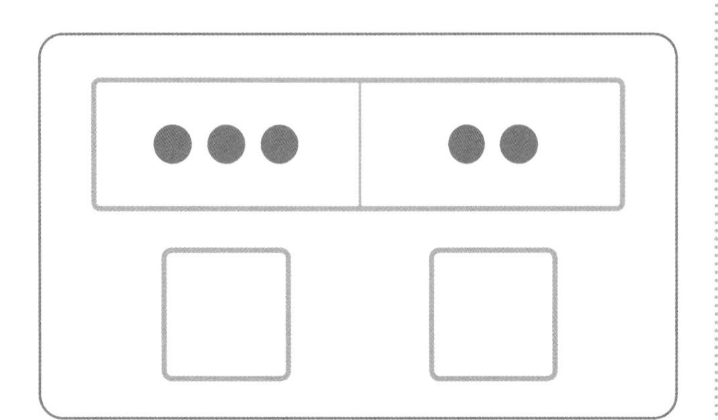

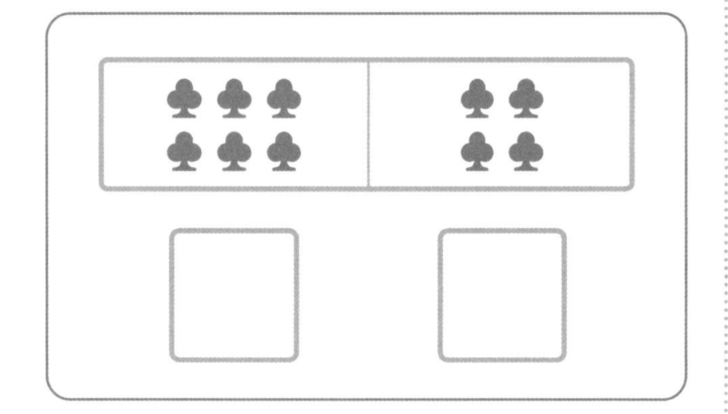

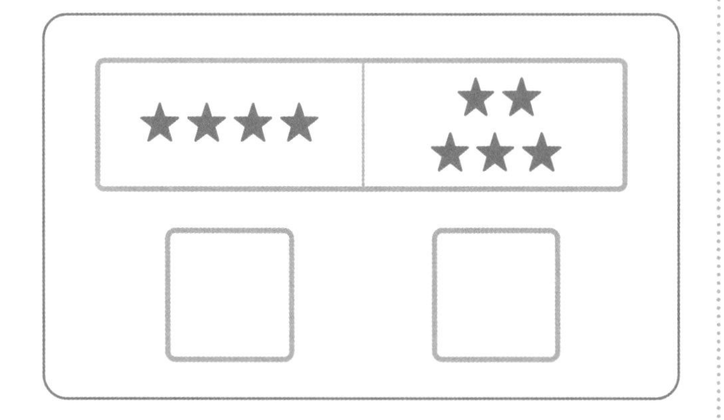

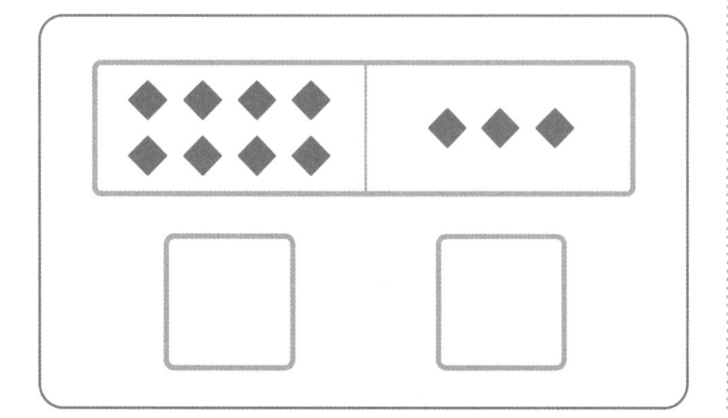

주어진 수보다 더 작은 수에 ◯ 해 보세요.

8

| 7 | 8 | 9 |
|---|---|---|

3

| 4 | 3 | 2 |
|---|---|---|

4

| 9 | 2 | 6 |
|---|---|---|

5

| 4 | 7 | 6 |
|---|---|---|

2

| 3 | 1 | 8 |
|---|---|---|

가장 작은 수에 ◯ 해 보세요.

| 7 | 3 | 2 |
|---|---|---|

| 6 | 4 | 5 |
|---|---|---|

| 6 | 9 | 3 |
|---|---|---|

| 2 | 3 | 8 |
|---|---|---|

| 2 | 6 | 5 |
|---|---|---|

| 7 | 9 | 6 |
|---|---|---|

| 4 | 2 | 6 |
|---|---|---|

| 2 | 3 | 1 |
|---|---|---|

| 8 | 7 | 4 |
|---|---|---|

| 3 | 5 | 7 |
|---|---|---|

| 9 | 8 | 5 |
|---|---|---|

| 10 | 8 | 9 |
|---|---|---|

# memo

맛있는 퍼팩 연산 | 원리와 사고력이 가득한 퍼즐 팩토리

# 정답

1주차 P. 10~11

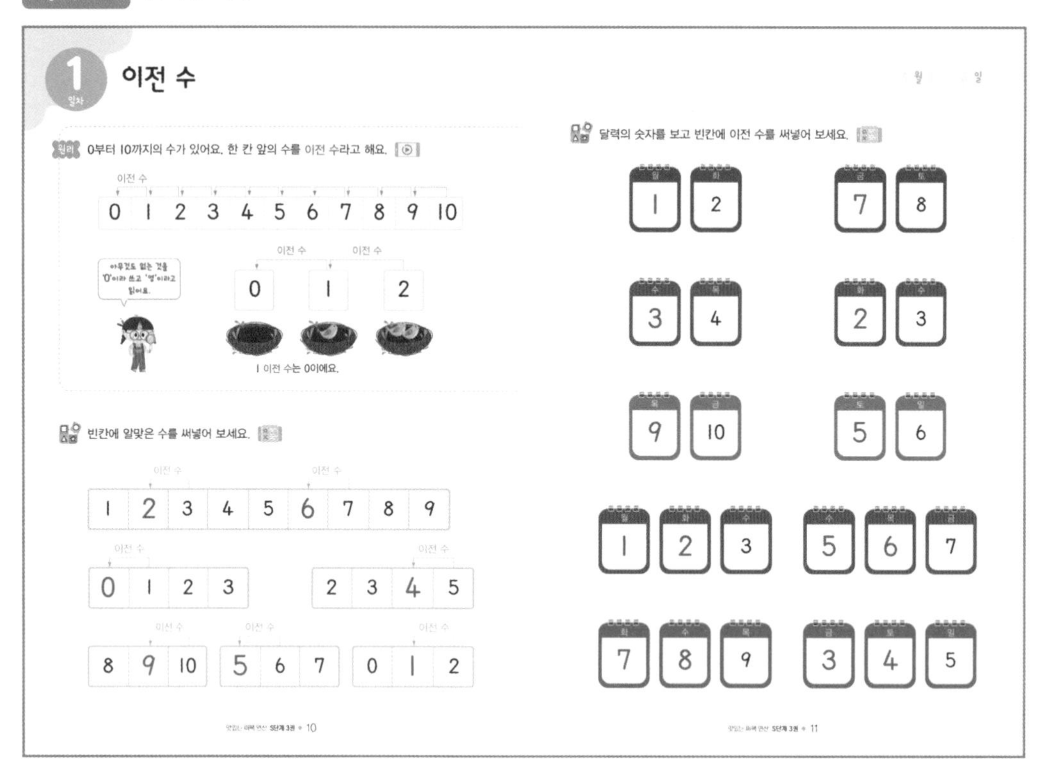


1주차 P. 12~13

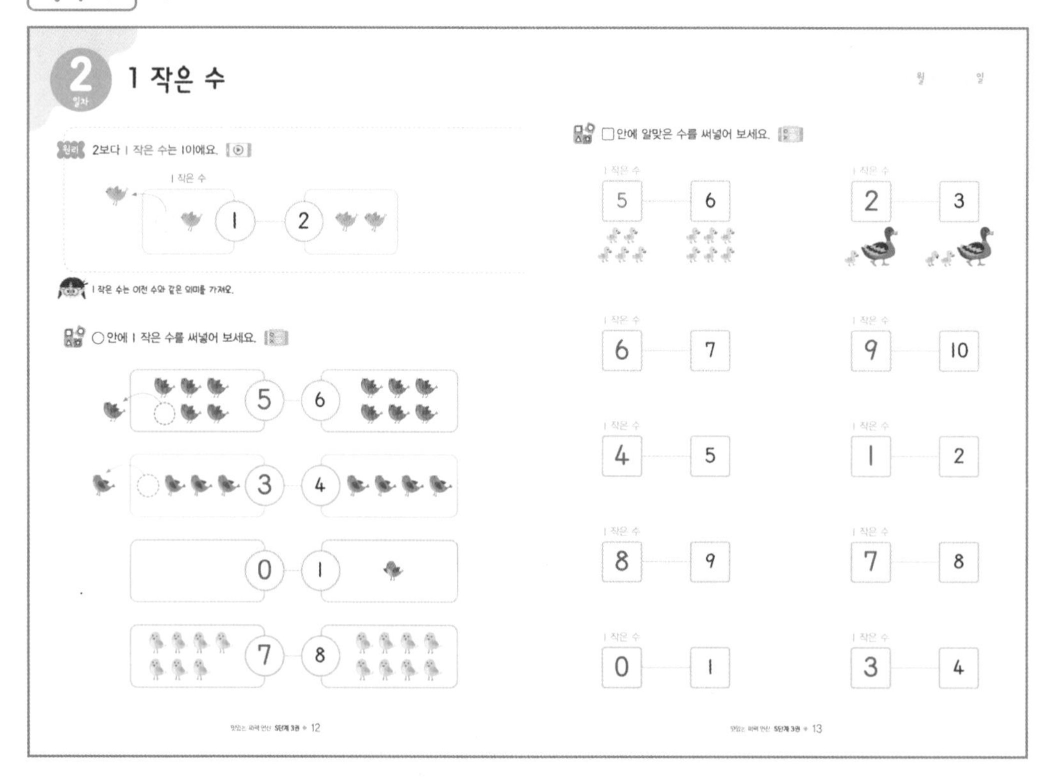

1주차 P. 14~15

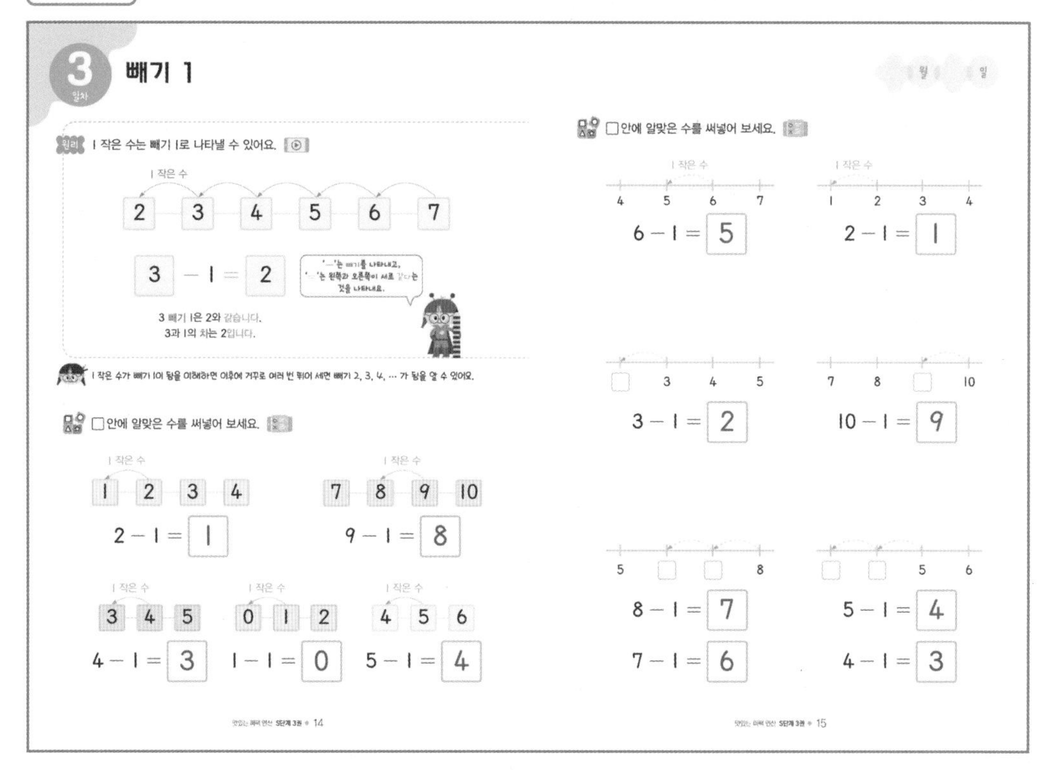


1주차 P. 16~17

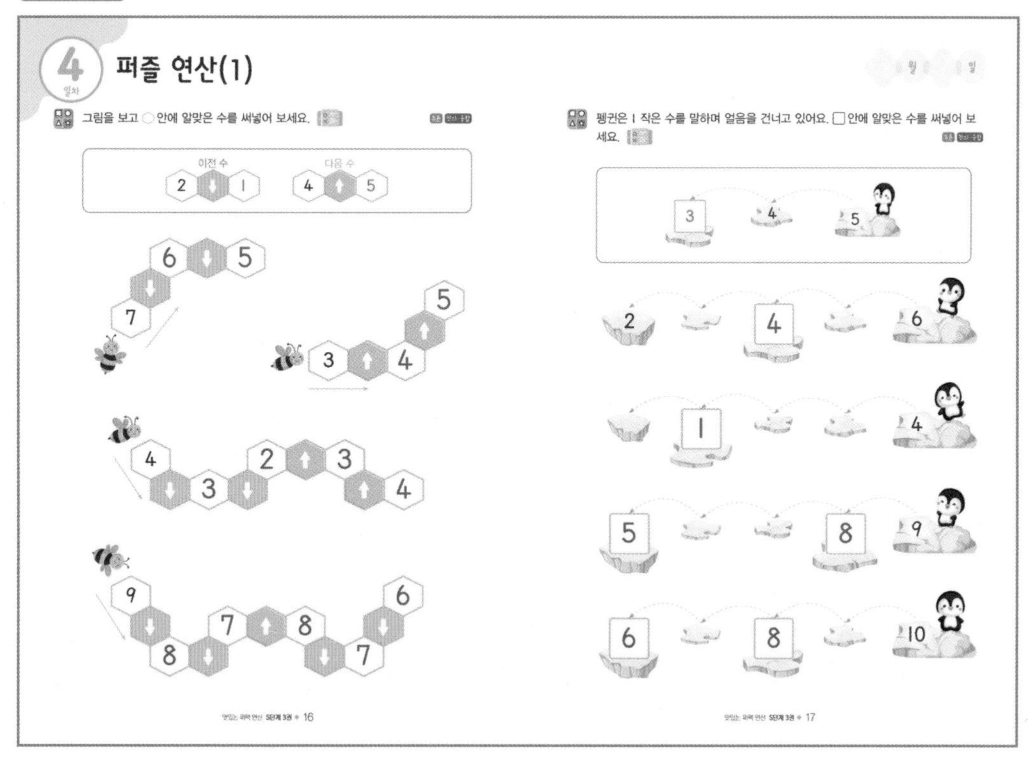

# 정답

1주차 P. 18~19

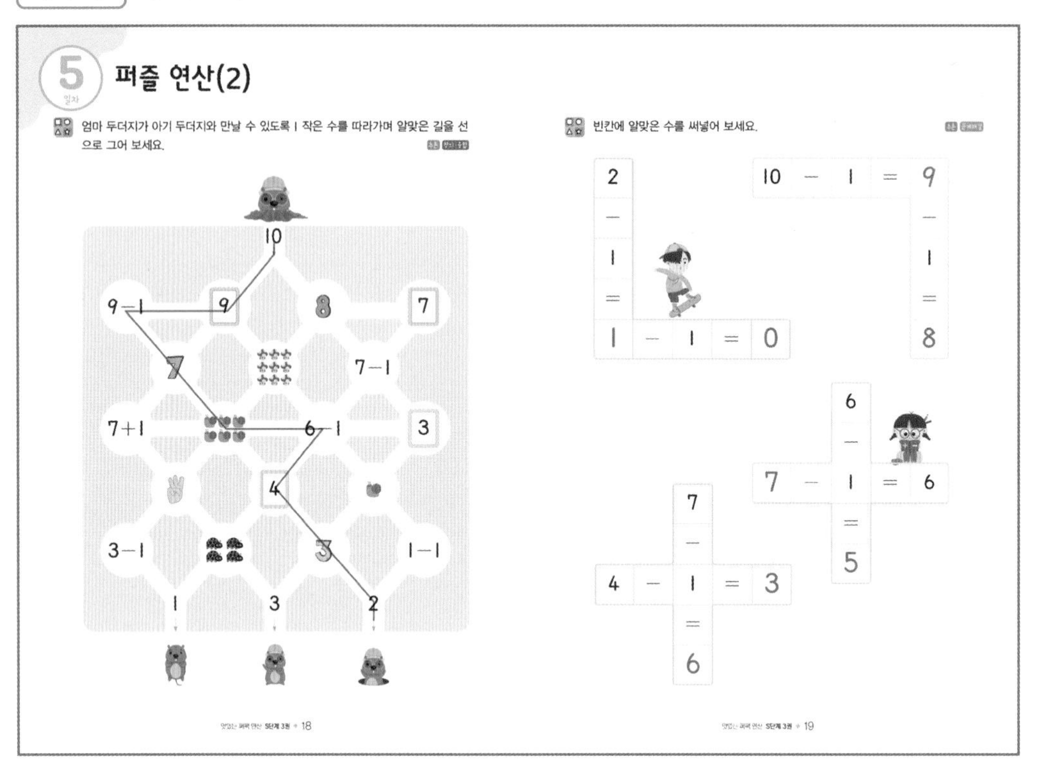


1주차 P. 20

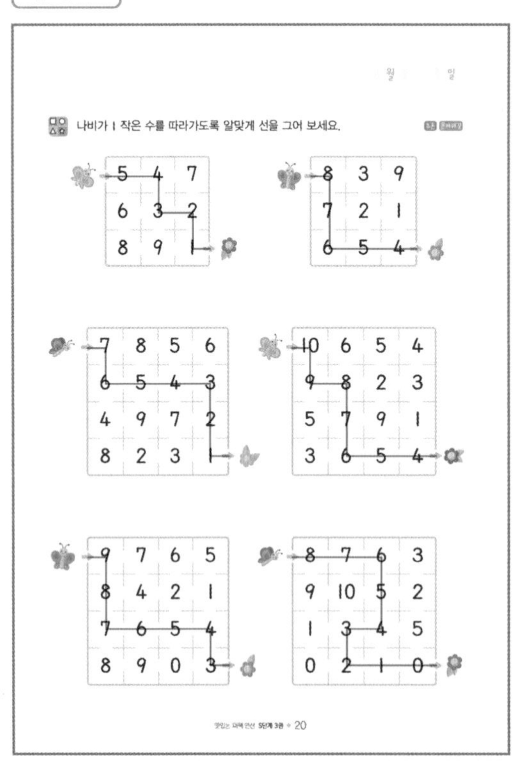

2주차 P. 22~23

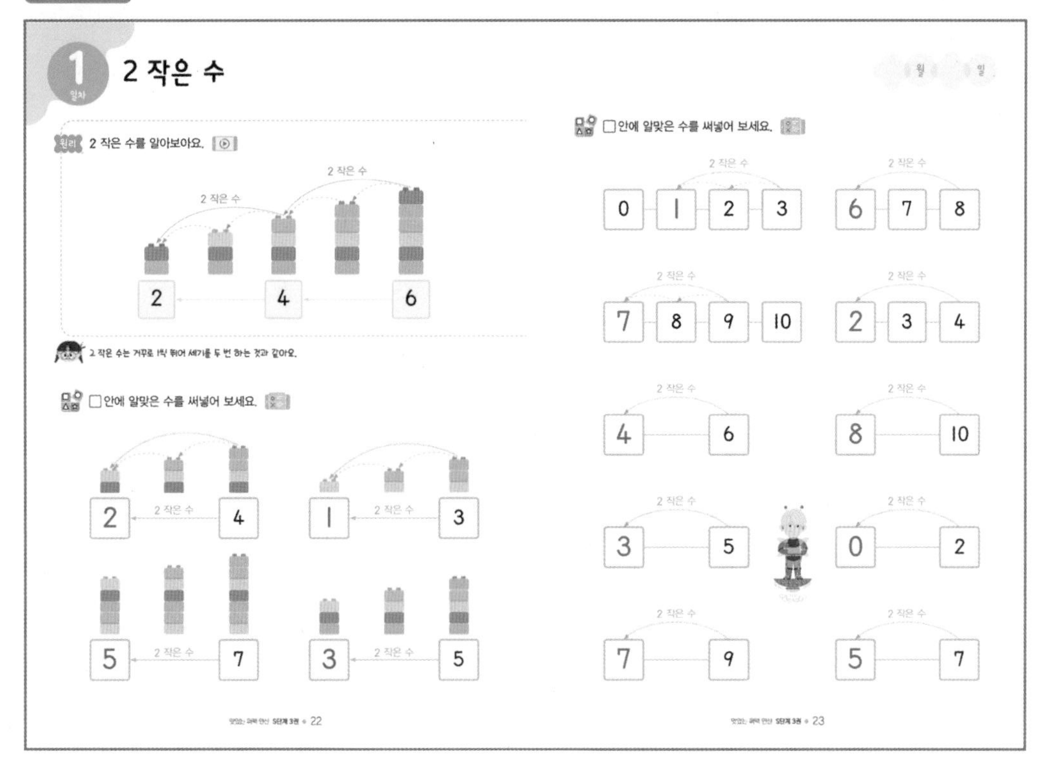


2주차 P. 24~25

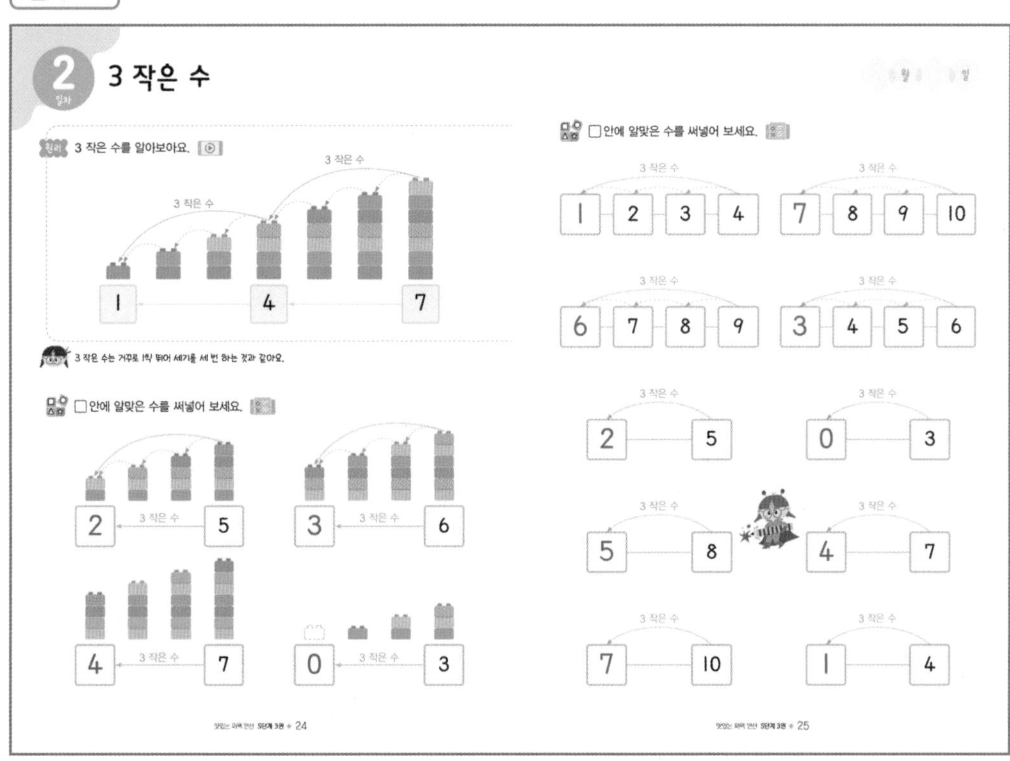

# 정답

## 2주차 P. 26~27

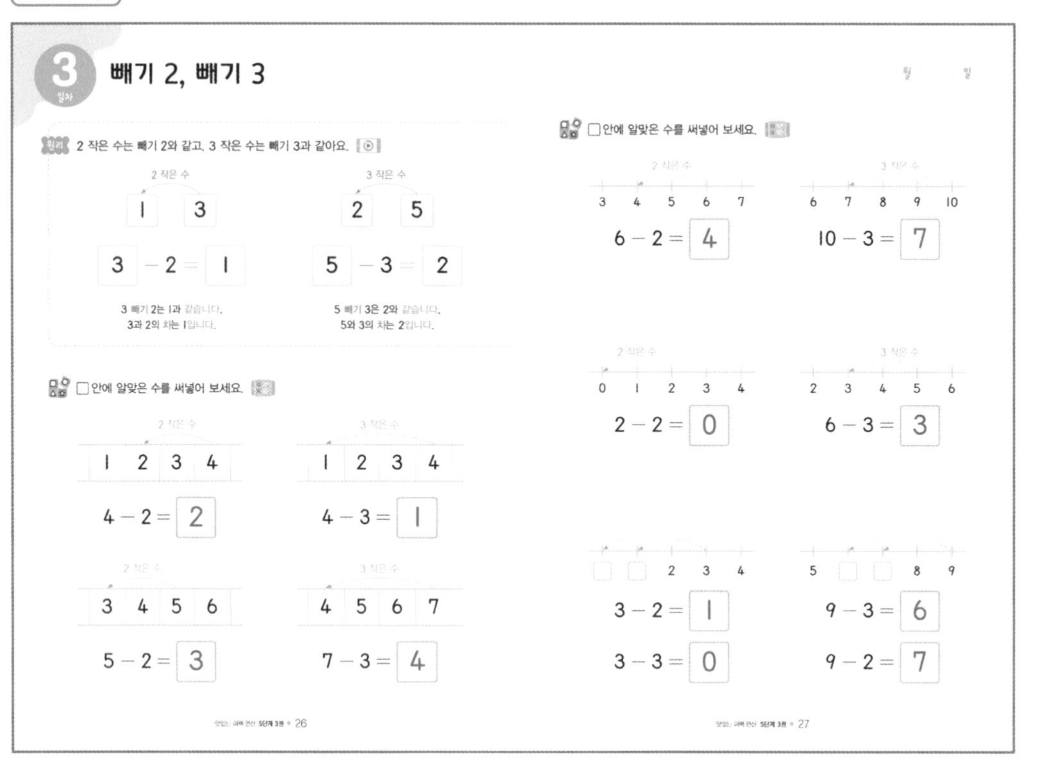

### 3일차 빼기 2, 빼기 3

월 일

힌트 2 작은 수는 빼기 2와 같고, 3 작은 수는 빼기 3과 같아요.

2 작은 수: 1 3 — 3 − 2 = 1

3 빼기 2는 1과 같습니다. 3과 2의 차는 1입니다.

3 작은 수: 2 5 — 5 − 3 = 2

5 빼기 3은 2와 같습니다. 5와 3의 차는 2입니다.

□안에 알맞은 수를 써넣어 보세요.

- 2 작은 수 (1 2 3 4): 4 − 2 = 2
- 3 작은 수 (1 2 3 4): 4 − 3 = 1
- 2 작은 수 (3 4 5 6): 5 − 2 = 3
- 3 작은 수 (4 5 6 7): 7 − 3 = 4

맛있는 퍼팩 연산 S단계 3권 • 26

□안에 알맞은 수를 써넣어 보세요.

- 2 작은 수 (3 4 5 6 7): 6 − 2 = 4
- 3 작은 수 (6 7 8 9 10): 10 − 3 = 7
- 2 작은 수 (0 1 2 3 4): 2 − 2 = 0
- 3 작은 수 (2 3 4 5 6): 6 − 3 = 3
- (□ □ 2 3 4): 3 − 2 = 1, 3 − 3 = 0
- (5 □ □ 8 9): 9 − 3 = 6, 9 − 2 = 7

맛있는 퍼팩 연산 S단계 3권 • 27

## 2주차 P. 28~29

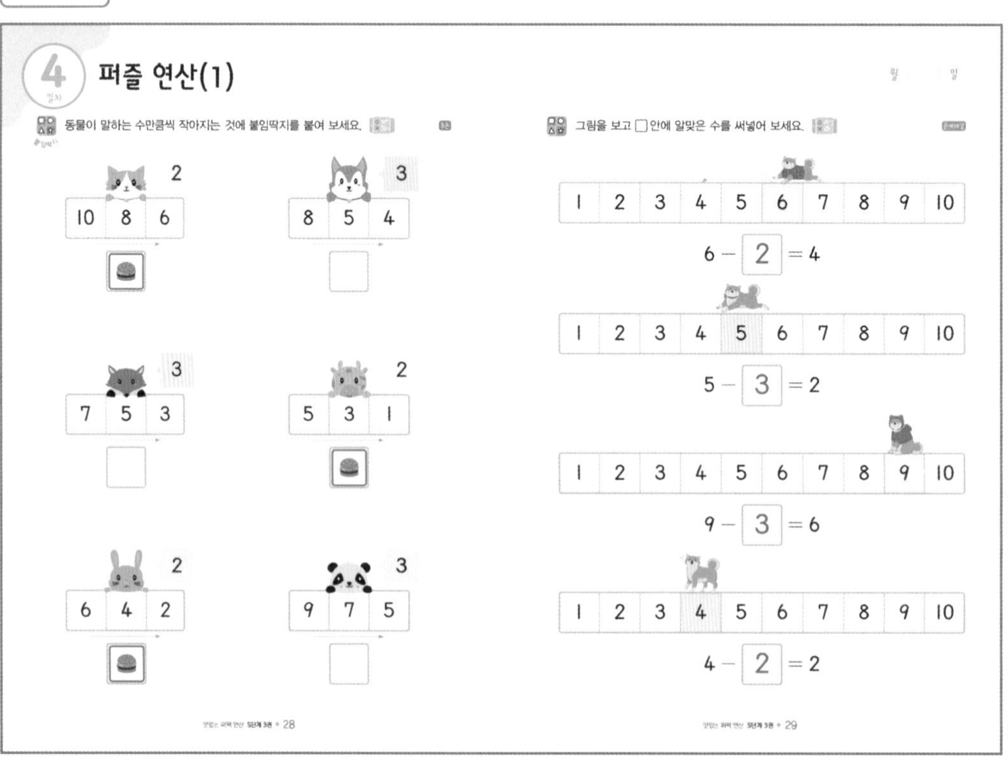

### 4일차 퍼즐 연산(1)

월 일

동물이 말하는 수만큼씩 작아지는 것에 붙임딱지를 붙여 보세요.

- 2: 10 8 6
- 3: 8 5 4
- 3: 7 5 3
- 2: 5 3 1
- 2: 6 4 2
- 3: 9 7 5

맛있는 퍼팩 연산 S단계 3권 • 28

그림을 보고 □안에 알맞은 수를 써넣어 보세요.

| 1 | 2 | 3 | 4 | 5 | 6 | 7 | 8 | 9 | 10 |
|---|---|---|---|---|---|---|---|---|---|

6 − 2 = 4

5 − 3 = 2

9 − 3 = 6

4 − 2 = 2

맛있는 퍼팩 연산 S단계 3권 • 29

2주차 P. 30~31

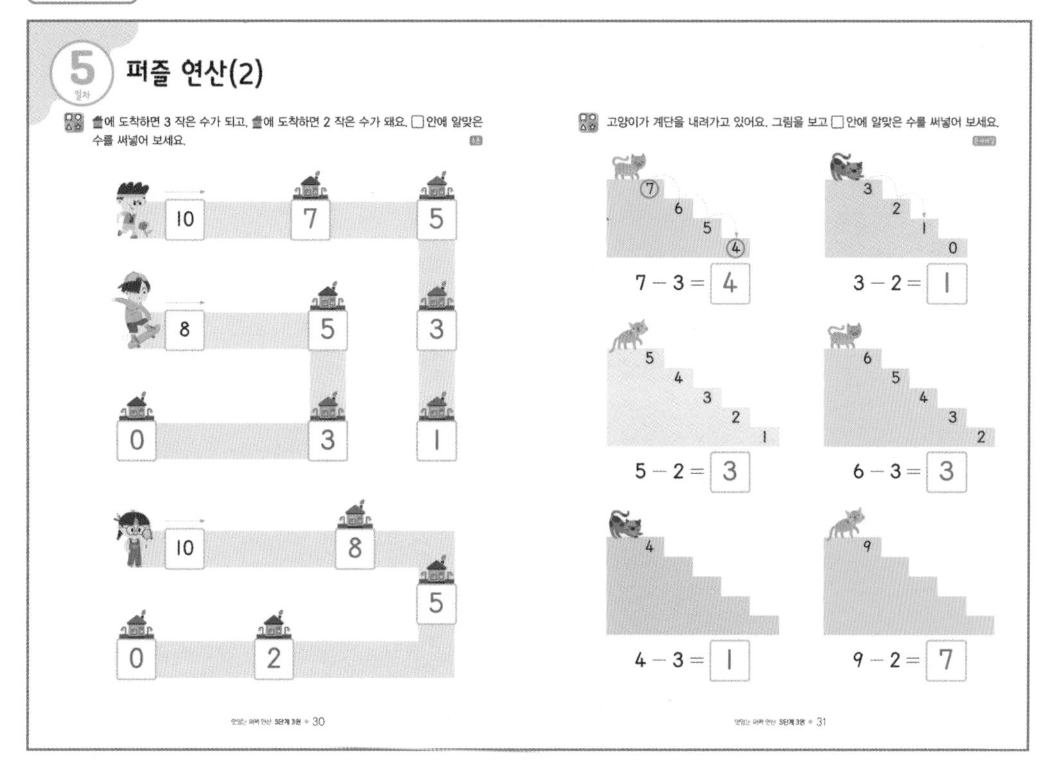


2주차 P. 32~33

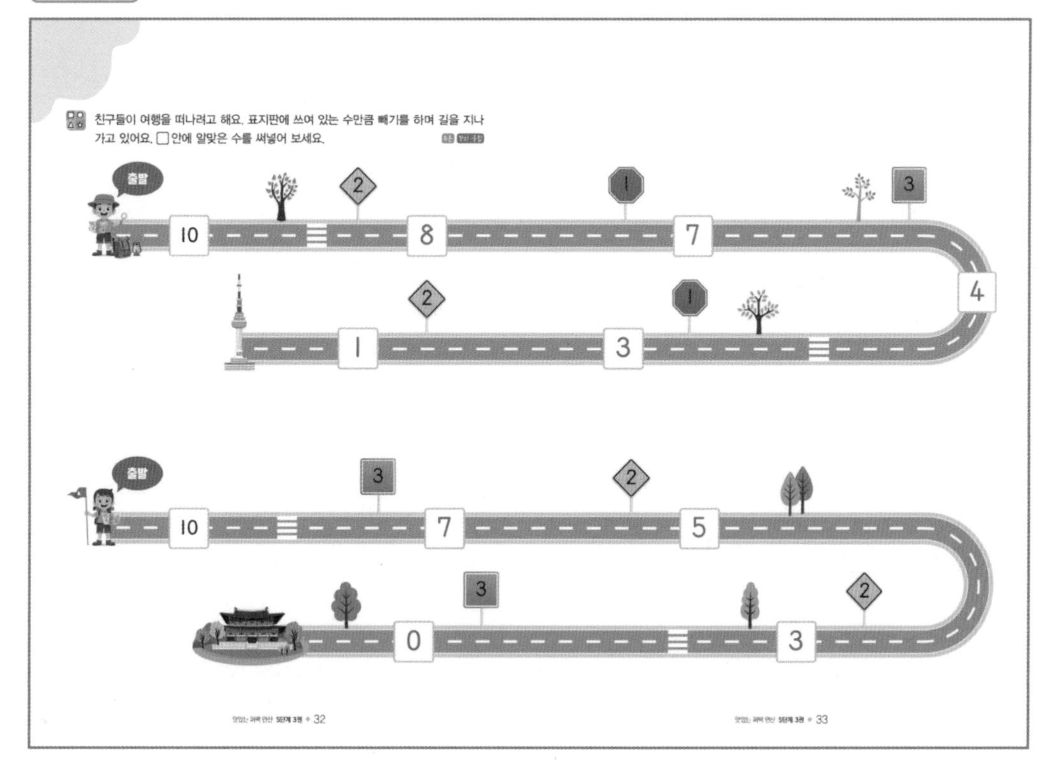

# 정답

**2주차** P. 34

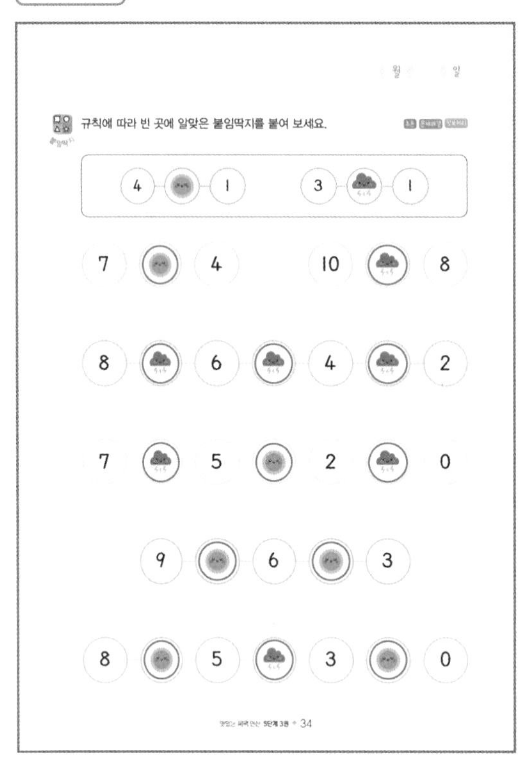

## 3주차 P. 36~37

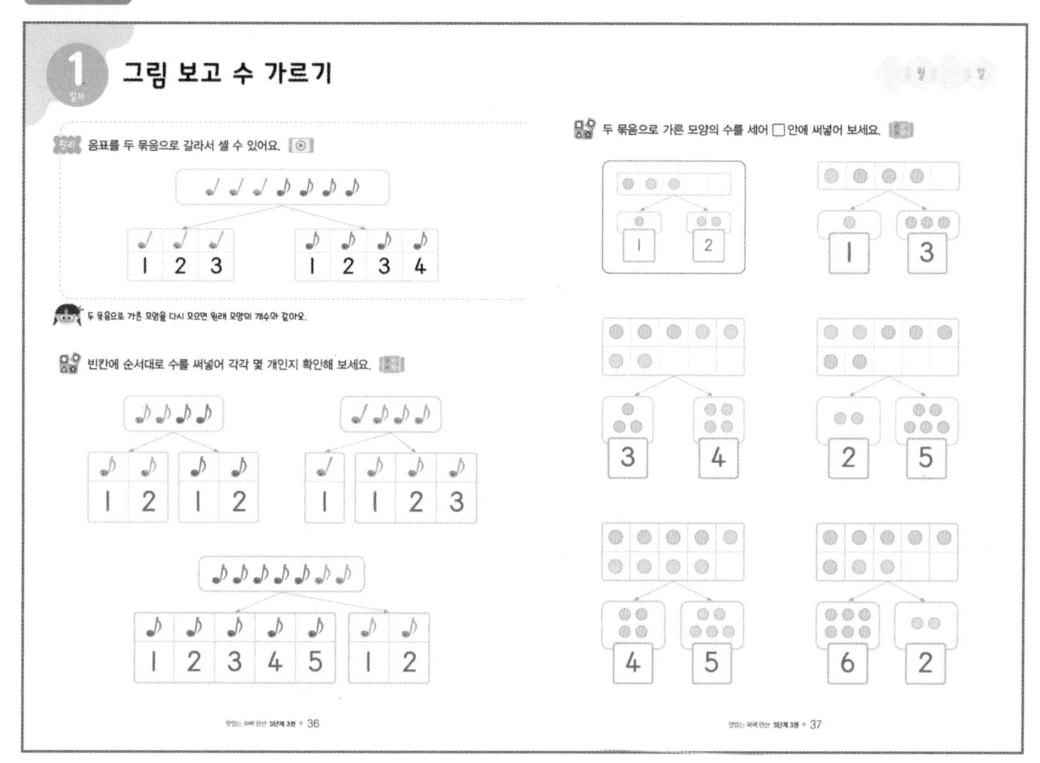


## 3주차 P. 38~39

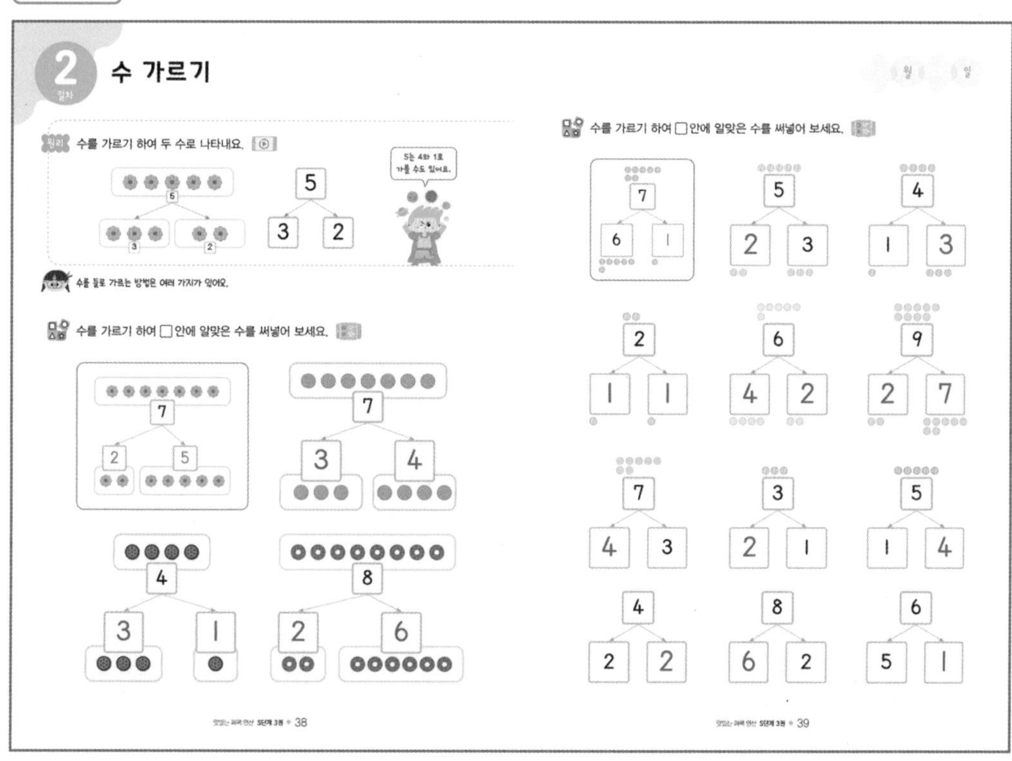

# 정답

3주차 P. 40~41

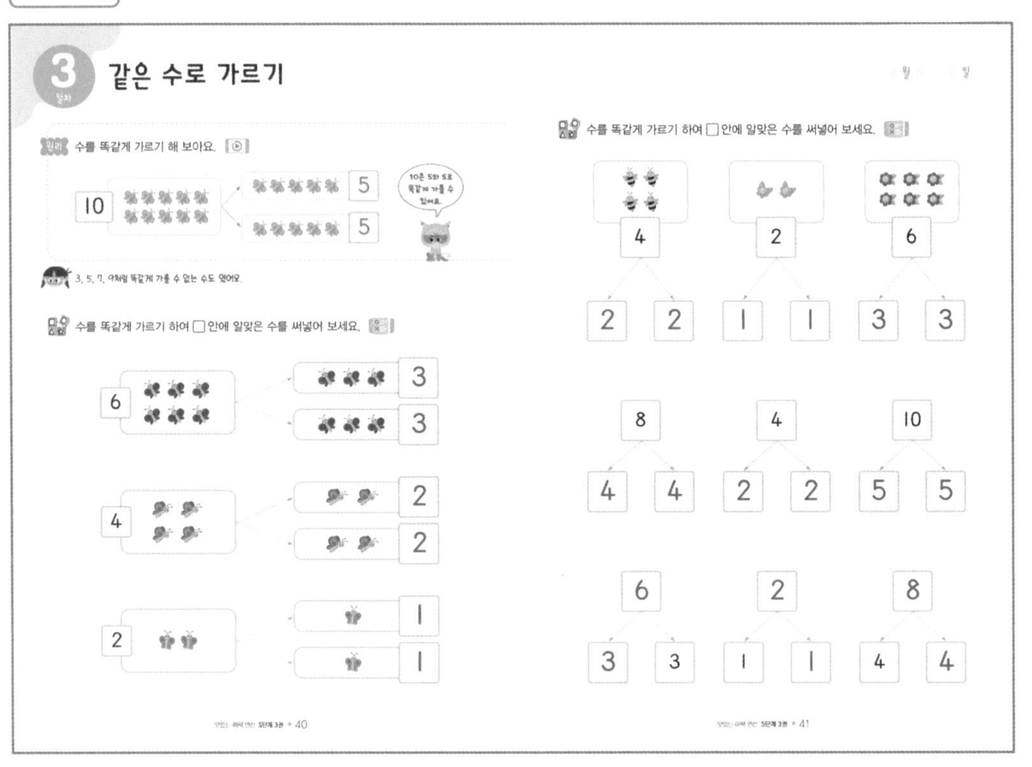


3주차 P. 42~43

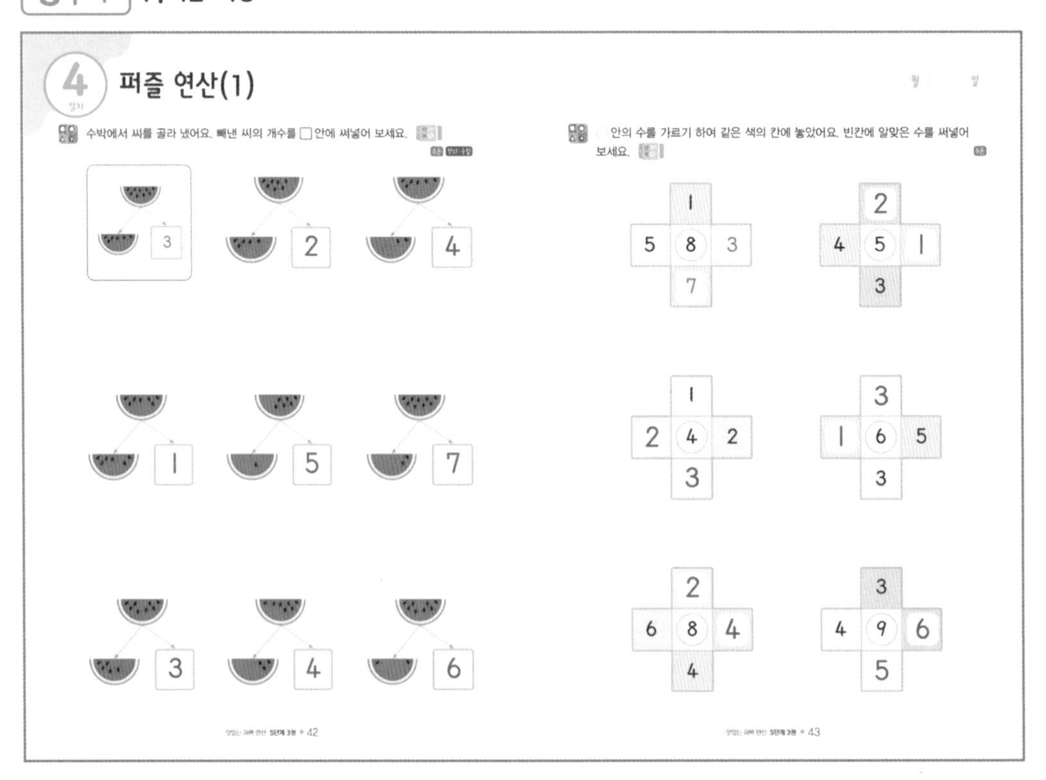

## 3주차 P. 44~45

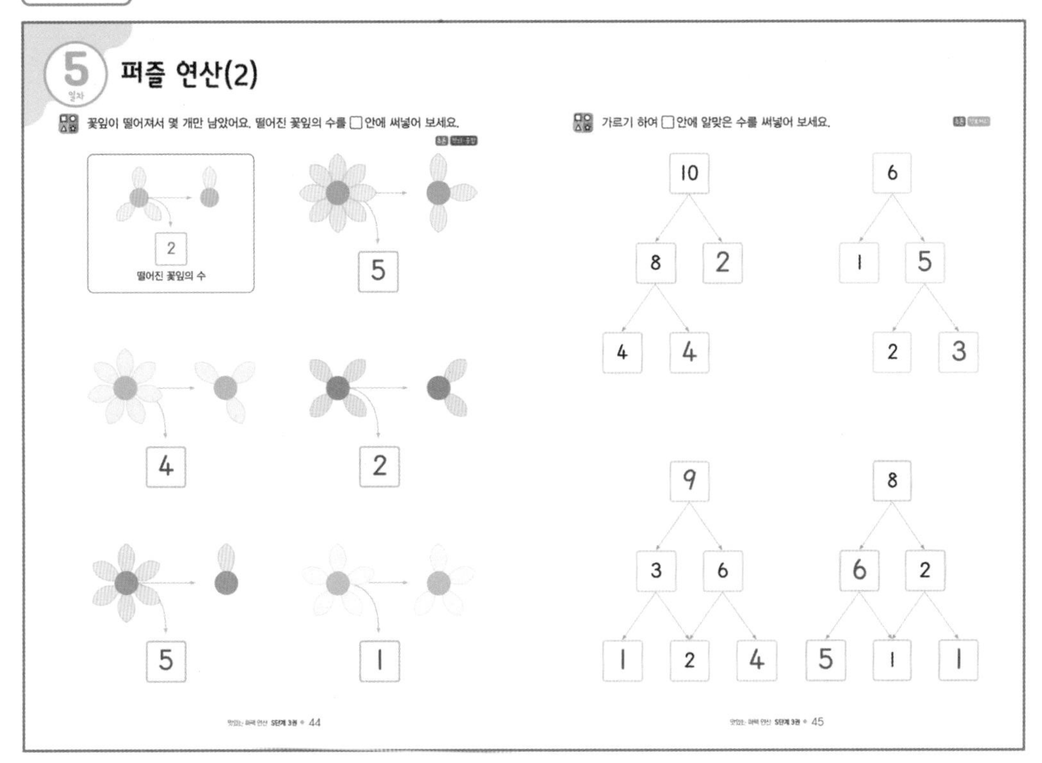


## 3주차 P. 46

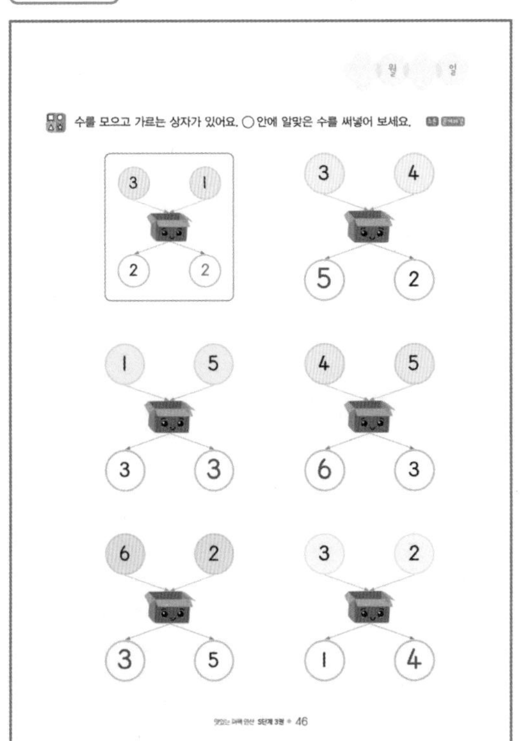

# 정답

## 4주차 P. 48~49

### 1일차 양의 비교

개수가 더 적은 것을 더 작은 수로 나타낼 수 있어요.

4　3

검은 고양이의 수가 더 적으므로 더 작은 수로 나타낼 수 있어요.

'많다'의 반댓말은 '적다'이고, '크다'의 반댓말은 '작다'임을 알게 해 주세요.

고양이의 수를 세어 보고, 더 작은 수로 나타낼 수 있는 쪽에 ○해 보세요.

모양이 적을수록 더 가벼워요. 더 가벼운 쪽에 ○해 보세요.

4　6　5　8

5　3　7　5

컵의 물이 더 적은 쪽에 ○해 보세요.

## 4주차 P. 50~51

### 2일차 두 수의 비교

수를 순서대로 놓았을 때, 앞에 있는 수를 뒤에 있는 수보다 작은 수라고 해요.

| 1 | 2 | 3 | 4 | 5 | 6 | 7 | 8 | 9 | 10 |
|---|---|---|---|---|---|---|---|---|---|

3이 5보다 앞에 있으므로 3은 5보다 작은 수예요.

8이 7보다 뒤에 있고, 10보다 앞에 있으므로 8은 7보다 큰 수, 10보다는 작은 수예요.

수를 어떤 수와 비교하는지에 따라서 어떤 수보다 작은 수가 될 수도 있고, 큰 수가 될 수도 있어요.

수의 순서를 보고, 더 작은 수에 ○해 보세요.

| 1 | 2 | 3 | 4 | 5 | 6 | 7 | 8 | 9 | 10 |
|---|---|---|---|---|---|---|---|---|---|

6 (5)　5 (3)　(7) 8

4 (3)　(2) 6　4 (1)

(8) 9　(7) 9　10 (9)

주어진 수보다 더 작은 수에 ○해 보세요.

6: 8 (3) 7　6: 7 (4) 9　2: (1) 3 5

7: 9 (5) 8　5: 6 7 (3)　3: 6 (2) 8

8: (6) 9 10　6: 8 (5) 9　4: 10 7 (3)

5: 8 (3) 9　6: (4) 8 7　5: 7 (2) 8

4주차 P. 52~53

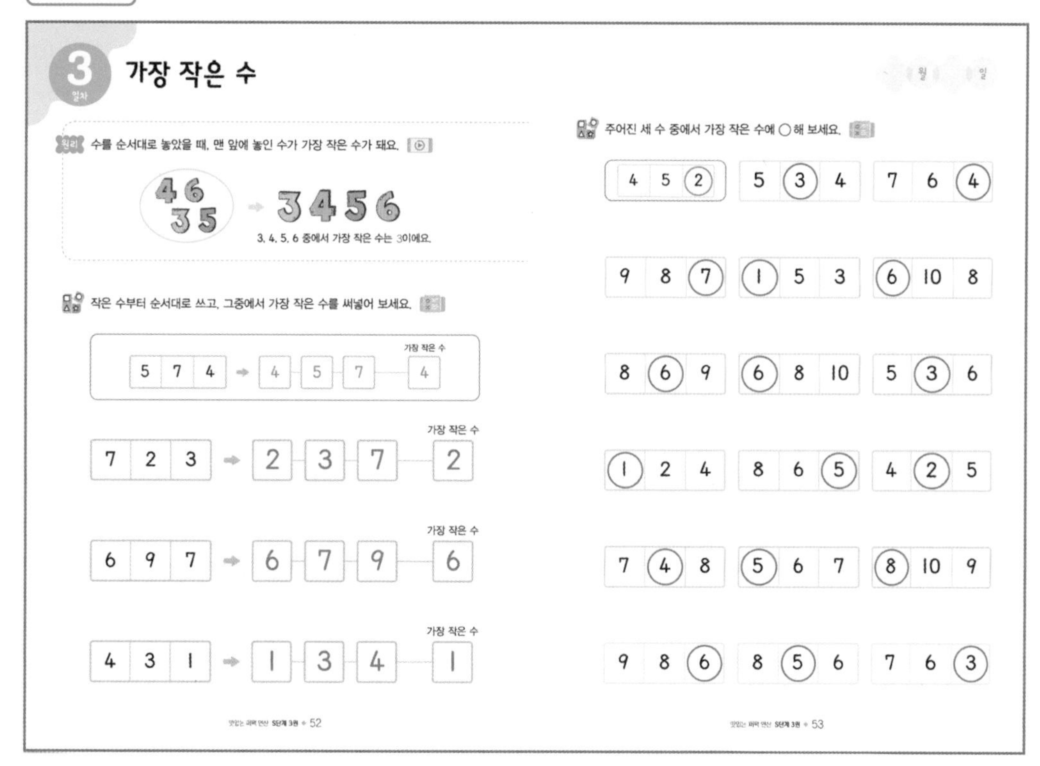

## 3 일차 가장 작은 수

원리 수를 순서대로 놓았을 때, 맨 앞에 놓인 수가 가장 작은 수가 돼요.

4 6 3 5 → 3456

3, 4, 5, 6 중에서 가장 작은 수는 3이에요.

작은 수부터 순서대로 쓰고, 그중에서 가장 작은 수를 써넣어 보세요.

| 수 | 순서대로 | 가장 작은 수 |
|---|---|---|
| 5 7 4 | 4 5 7 | 4 |
| 7 2 3 | 2 3 7 | 2 |
| 6 9 7 | 6 7 9 | 6 |
| 4 3 1 | 1 3 4 | 1 |

주어진 세 수 중에서 가장 작은 수에 ○해 보세요.

| | | |
|---|---|---|
| 4 5 (2) | 5 (3) 4 | 7 6 (4) |
| 9 8 (7) | (1) 5 3 | (6) 10 8 |
| 8 (6) 9 | (6) 8 10 | 5 (3) 6 |
| (1) 2 4 | 8 6 (5) | 4 (2) 5 |
| 7 (4) 8 | (5) 6 7 | (8) 10 9 |
| 9 8 (6) | 8 (5) 6 | 7 6 (3) |

맛있는 곱셈 연산 5단계 3권 • 52 맛있는 곱셈 연산 5단계 3권 • 53

4주차 P. 54~55

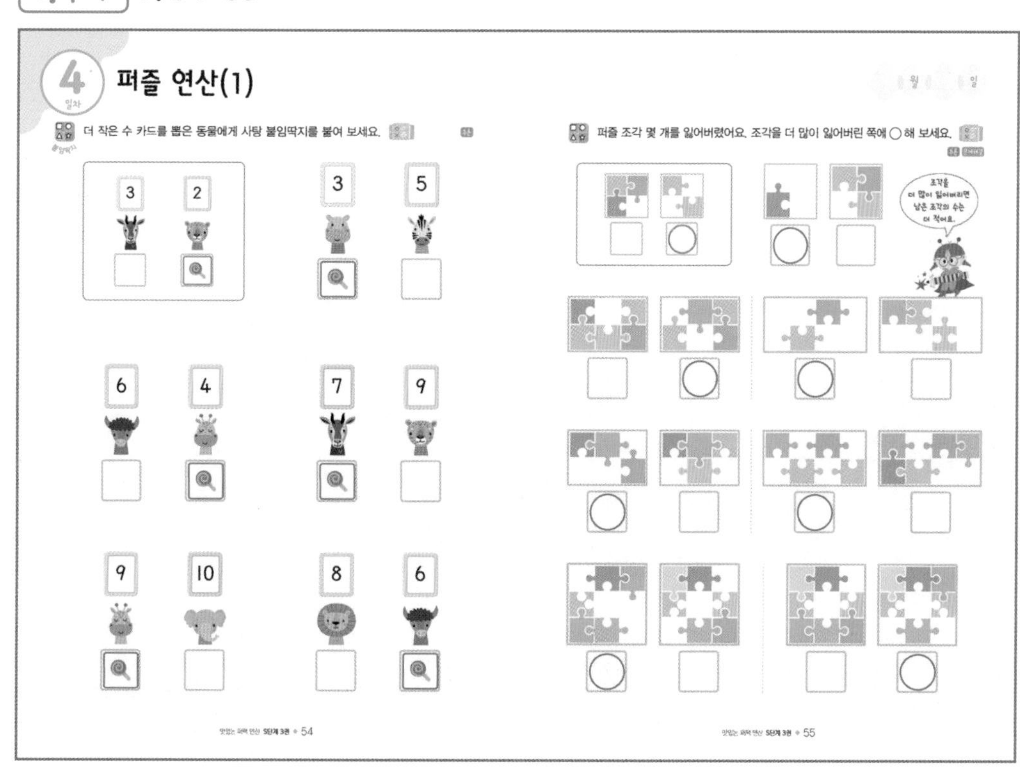

## 4 일차 퍼즐 연산(1)

더 작은 수 카드를 뽑은 동물에게 사탕 붙임딱지를 붙여 보세요.

3 2 / 3 5 / 6 4 / 7 9 / 9 10 / 8 6

퍼즐 조각 몇 개를 잃어버렸어요. 조각을 더 많이 잃어버린 쪽에 ○해 보세요.



맛있는 곱셈 연산 5단계 3권 • 54 맛있는 곱셈 연산 5단계 3권 • 55

# 정답

4주차 P. 56~57

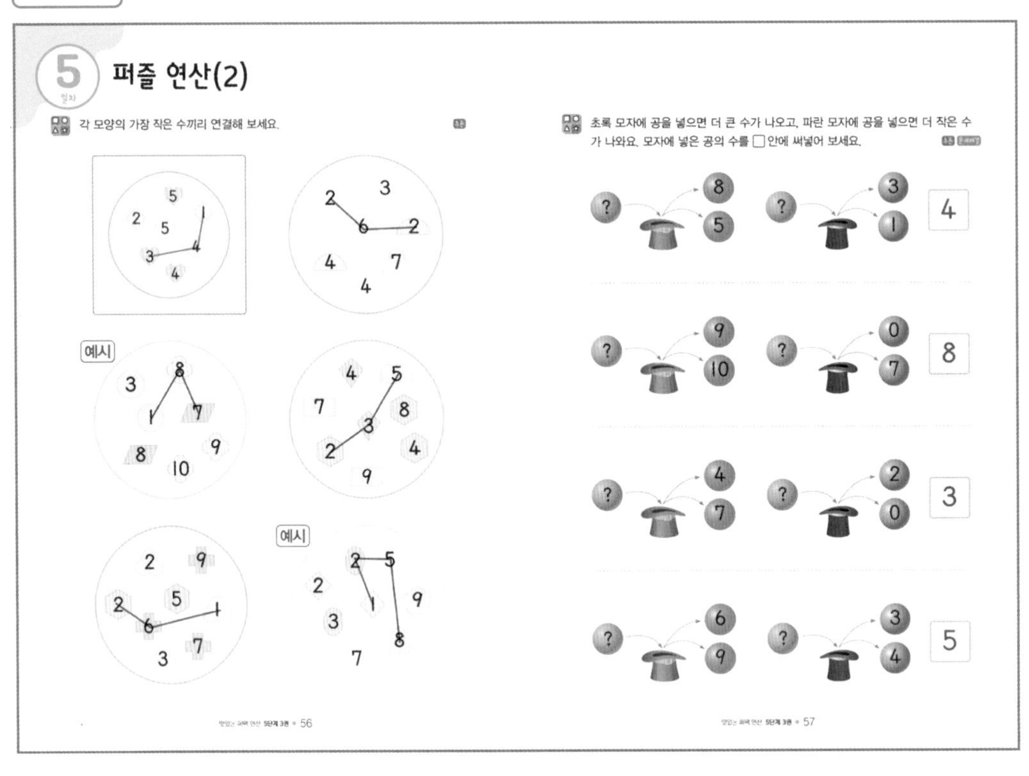


4주차 P. 58~59

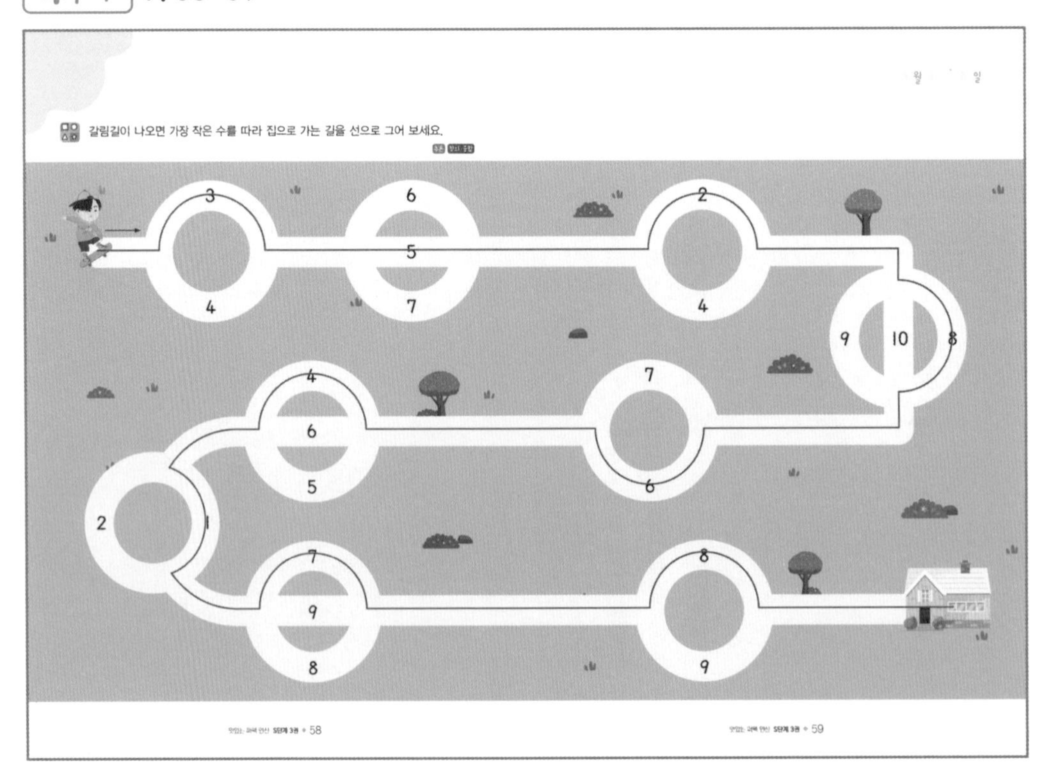

## 퍼팩 사고력 P. 60

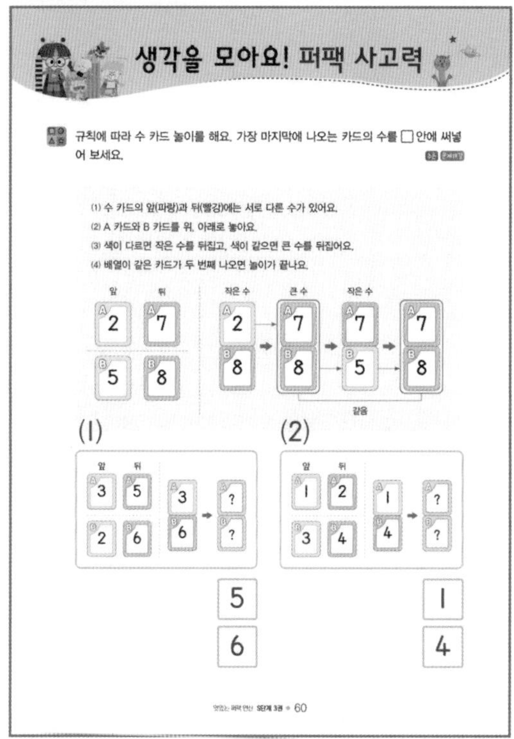
생각을 모아요! 퍼팩 사고력

규칙에 따라 수 카드 놀이를 해요. 가장 마지막에 나오는 카드의 수를 □ 안에 써넣어 보세요.

(1) 수 카드의 앞(파랑)과 뒤(빨강)에는 서로 다른 수가 있어요.
(2) A 카드와 B 카드를 위, 아래로 놓아요.
(3) 색이 다르면 작은 수를 뒤집고, 색이 같으면 큰 수를 뒤집어요.
(4) 배열이 같은 카드가 두 번째 나오면 놀이가 끝나요.

(1) 5, 6
(2) 1, 4

### 풀이

(1)

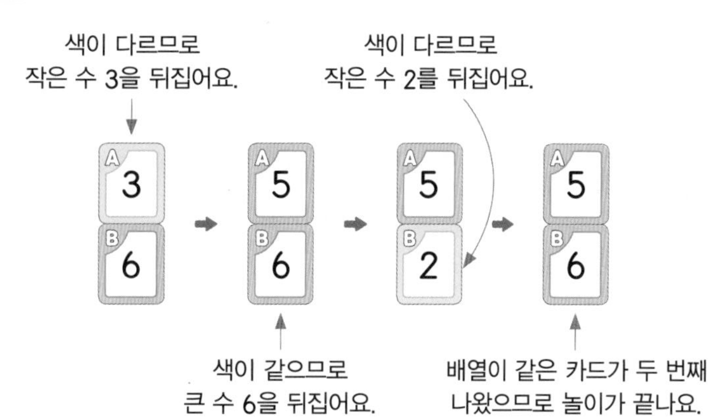


(2)

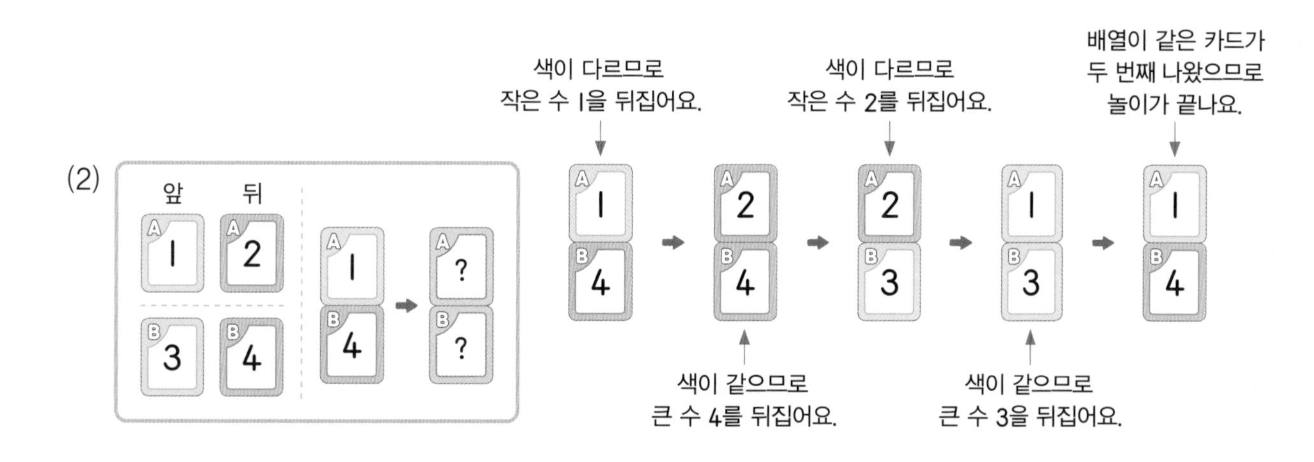

# ◆ 집중! 드릴 연산

## 1주차 P. 62~63

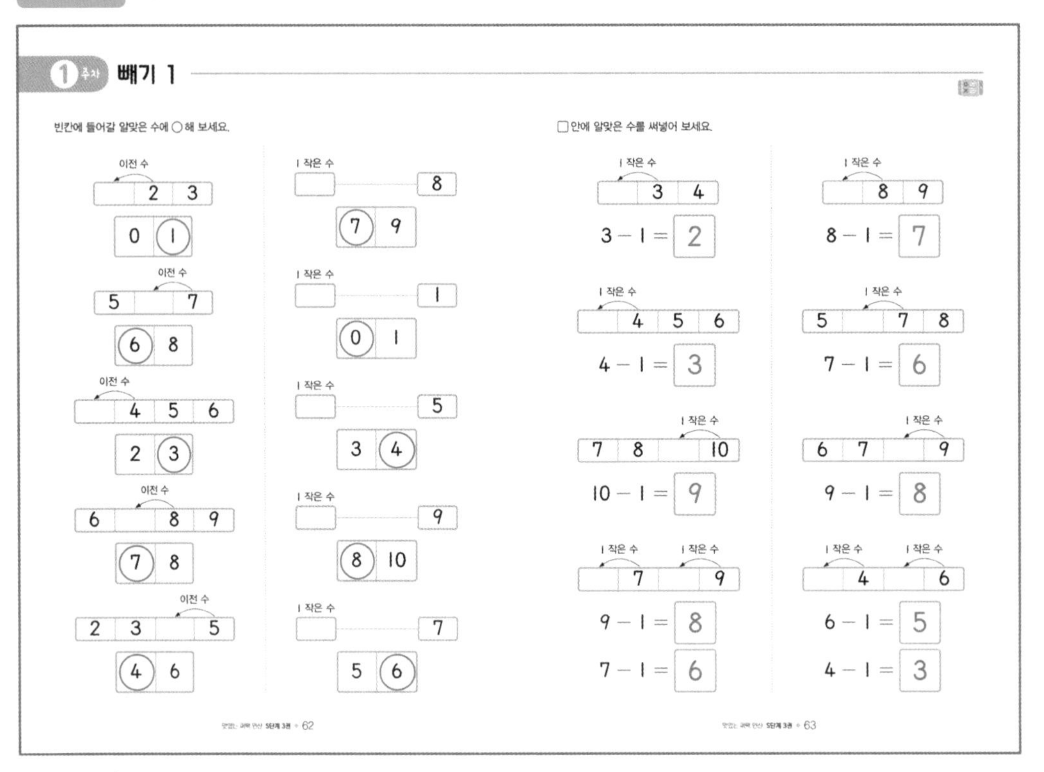

1주차 빼기 1

빈칸에 들어갈 알맞은 수에 ○해 보세요.

- 이전 수: □ 2 3 → 0, (1)
- 이전 수: 5 □ 7 → (6), 8
- 이전 수: □ 4 5 6 → 2, (3)
- 이전 수: 6 □ 8 9 → (7), 8
- 이전 수: 2 3 □ 5 → (4), 6
- 1 작은 수: □ … 8 → (7), 9
- 1 작은 수: □ … 1 → (0), 1
- 1 작은 수: □ … 5 → 3, (4)
- 1 작은 수: □ … 9 → (8), 10
- 1 작은 수: □ … 7 → 5, (6)

□안에 알맞은 수를 써넣어 보세요.

- 1 작은 수: □ 3 4 → 3 − 1 = 2
- 1 작은 수: □ 8 9 → 8 − 1 = 7
- 1 작은 수: □ 4 5 6 → 4 − 1 = 3
- 1 작은 수: 5 □ 7 8 → 7 − 1 = 6
- 1 작은 수: 7 8 □ 10 → 10 − 1 = 9
- 1 작은 수: 6 7 □ 9 → 9 − 1 = 8
- 1 작은 수, 1 작은 수: □ 7 □ 9 → 9 − 1 = 8, 7 − 1 = 6
- 1 작은 수, 1 작은 수: □ 4 □ 6 → 6 − 1 = 5, 4 − 1 = 3

맛있는 퍼팩 연산 S단계 3권 • 62    맛있는 퍼팩 연산 S단계 3권 • 63

## 2주차 P. 64~65

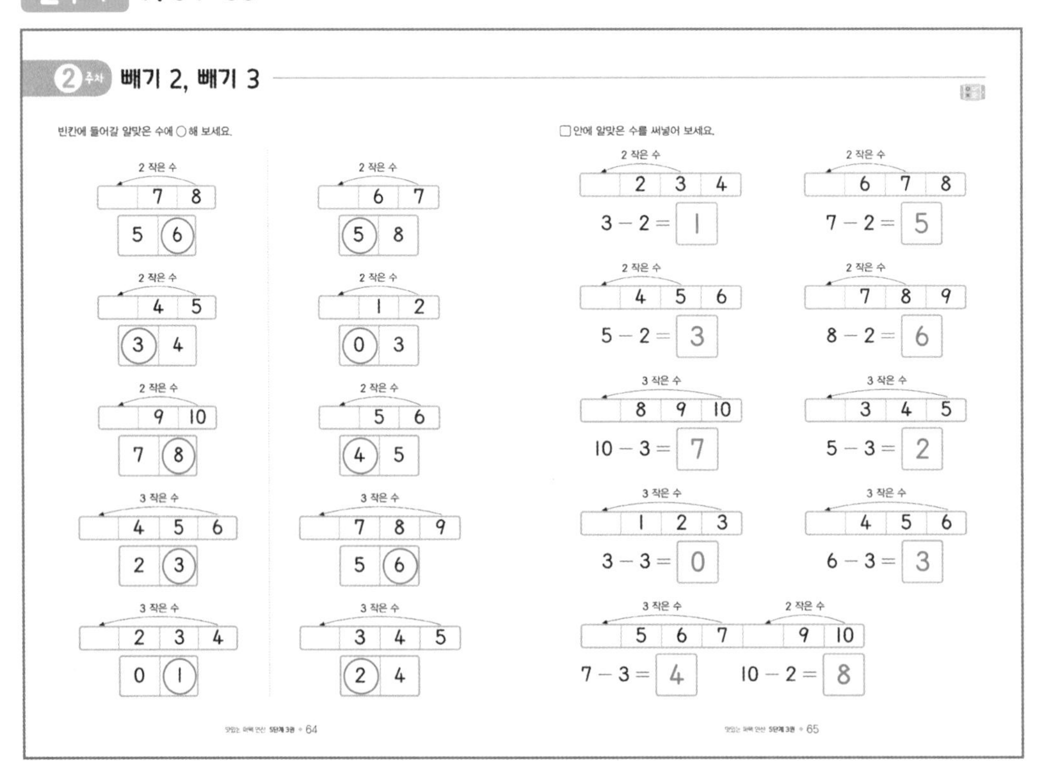

2주차 빼기 2, 빼기 3

빈칸에 들어갈 알맞은 수에 ○해 보세요.

- 2 작은 수: □ 7 8 → 5, (6)
- 2 작은 수: □ 4 5 → (3), 4
- 2 작은 수: □ 9 10 → 7, (8)
- 3 작은 수: □ 4 5 6 → 2, (3)
- 3 작은 수: □ 2 3 4 → 0, (1)
- 2 작은 수: □ 6 7 → (5), 8
- 2 작은 수: □ 1 2 → (0), 3
- 2 작은 수: □ 5 6 → (4), 5
- 3 작은 수: □ 7 8 9 → 5, (6)
- 3 작은 수: □ 3 4 5 → (2), 4

□안에 알맞은 수를 써넣어 보세요.

- 2 작은 수: □ 2 3 4 → 3 − 2 = 1
- 2 작은 수: □ 6 7 8 → 7 − 2 = 5
- 2 작은 수: □ 4 5 6 → 5 − 2 = 3
- 2 작은 수: □ 7 8 9 → 8 − 2 = 6
- 3 작은 수: □ 8 9 10 → 10 − 3 = 7
- 3 작은 수: □ 3 4 5 → 5 − 3 = 2
- 3 작은 수: □ 1 2 3 → 3 − 3 = 0
- 3 작은 수: □ 4 5 6 → 6 − 3 = 3
- 3 작은 수, 2 작은 수: □ 5 6 7 □ 9 10 → 7 − 3 = 4, 10 − 2 = 8

맛있는 퍼팩 연산 S단계 3권 • 64    맛있는 퍼팩 연산 S단계 3권 • 65

3주차 P. 66~67

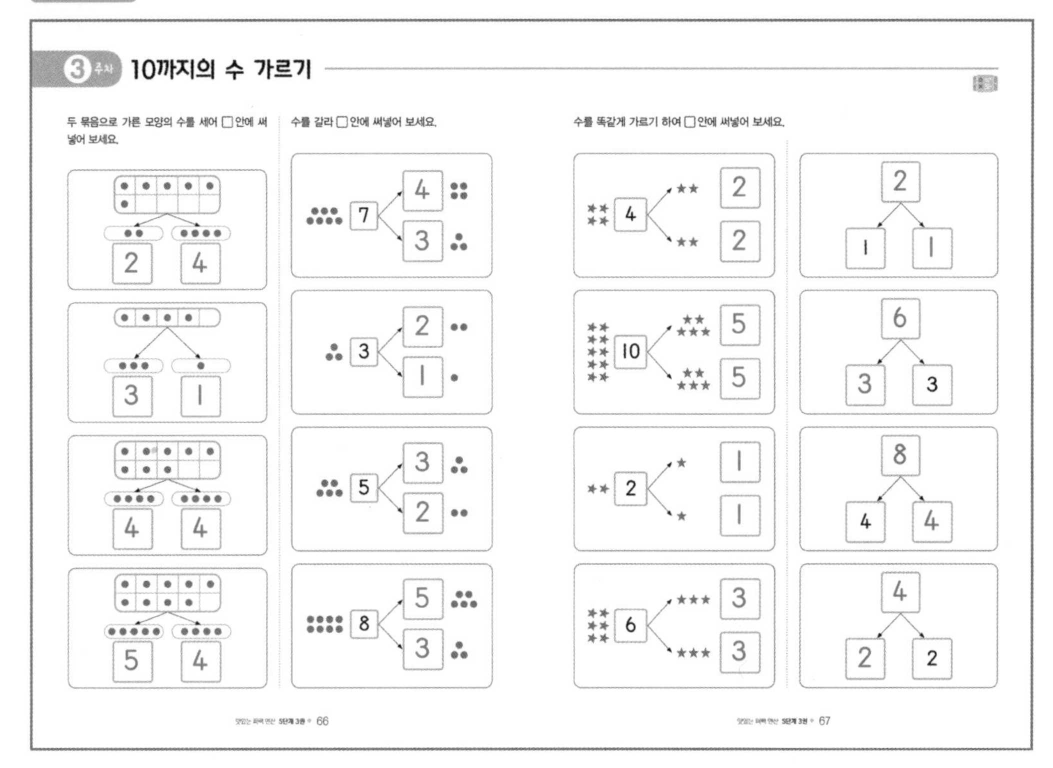


4주차 P. 68~69

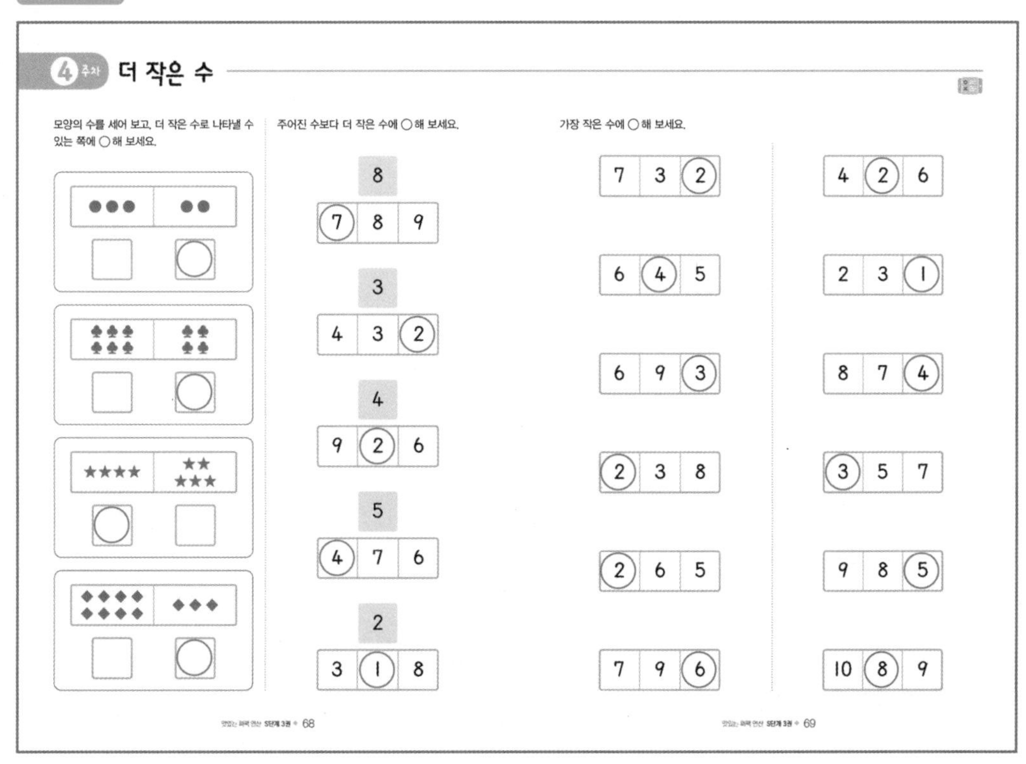

memo